体育场建筑高效建造指导手册

中国建筑第八工程局有限公司　编

亓立刚　　马明磊　　阴光华　主编

中国建筑工业出版社

图书在版编目（CIP）数据

体育场建筑高效建造指导手册/中国建筑第八工程
局有限公司编；亓立刚，马明磊，阴光华主编. —北京：
中国建筑工业出版社，2023.6
ISBN 978-7-112-28727-7

Ⅰ.①体… Ⅱ.①中… ②亓… ③马… ④阴… Ⅲ.
①体育场–工程施工–技术手册 Ⅳ.①TU245-62

中国国家版本馆 CIP 数据核字（2023）第 082501 号

责任编辑：张 磊 王砾瑶 万 李
责任校对：刘梦然
校对整理：张辰双

体育场建筑高效建造指导手册
中国建筑第八工程局有限公司 编
亓立刚 马明磊 阴光华 主编

*

中国建筑工业出版社出版、发行（北京海淀三里河路9号）
各地新华书店、建筑书店经销
北京科地亚盟排版公司制版
建工社（河北）印刷有限公司印刷

*

开本：787毫米×1092毫米 1/16 印张：11½ 字数：243千字
2023年6月第一版 2023年6月第一次印刷
定价：**68.00元**
ISBN 978-7-112-28727-7
（41100）

本书编委会

前　言

习近平新时代中国特色社会主义思想和党的二十大精神对决胜全面建成小康社会、夺取新时代中国特色社会主义伟大胜利作出了全面部署。党的二十大报告提出，"高质量发展是全面建设社会主义现代化国家的首要任务。发展是党执政兴国的第一要务"。中国特色社会主义进入新时代，我国经济已由高速增长阶段转向高质量发展阶段。

2016 年 2 月 6 日，中共中央、国务院印发《关于进一步加强城市规划建设管理工作的若干意见》，其中第四方面"提升城市建筑水平"第十一条"发展新型建造方式"中指出"大力推广装配式建筑，减少建筑垃圾和扬尘污染，缩短建造工期，提升工程质量"，这是国家层面首次提出"新型建造方式"。新型建造方式是指在建筑工程建造过程中，贯彻落实"适用、经济、绿色、美观"的建筑方针。以"绿色化"为目标，以"智慧化"为技术手段，以"工业化"为生产方式，以工程总承包为实施载体，强化科技创新和成果利用，注重提高工程建设效率和建造质量，实现建造过程"节能环保，提高效率，提升品质，保障安全"的新型工程建设组织模式。

中国建筑第八工程局有限公司（以下简称"中建八局"）为适应行业发展新形势，并结合以往体育场体量大、工期紧、质量要求高的特点，为培育企业新的核心竞争力，提出了"高效建造、完美履约"的管理理念。在确保工程质量和安全的前提下，通过对管理方式、资源配置、智慧建造、绿色建造、BIM 技术等有机整合优化，秉承绿色、和谐的理念，注重生态环保，全面推进绿色建造，使建造工期处于同行业领先水平。对于高效建造而言，施工总承包模式存在设计施工平行发包，设计与施工脱节以及施工协调工作量大、管理成本高、责任主体多、权责不够明晰等现象，导致工期拖延、造价突破等问题。我们结合行业发展趋势，主要阐述工程总承包模式下的高效建造。

本手册依托凤凰山体育中心 EPC 工程总承包项目，并结合以往承建的大型体育场建造经验，深入剖析体育场典型特征及建造全过程，梳理体育场建设的关键线路，总结设计、采购、施工管理与技术难点。在全生命周期引入 BIM 技术辅助项目设计、管理和运维，同时结合基于"互联网+"的信息化平台管理手段以及绿色建造方式，为体育场工程总承包项目设计、采购、施工提供技术支撑，积极践行"高效建造，完美履约"。

本手册主要包括体育场概述、高效建造组织、高效建造技术、高效建造管理、体育场的验收、案例等内容。项目部在参考时需要结合工程实际，聚焦工程履约的关键点和风险点，规范基本的建造程序、管理与技术要求，并从工作实际出发，提炼有效做法和具体方案。本手册寻求的是最大公约数，能够确保大部分体育场在建造过程中实现"高效建造、完美履约"。我们希望通过本手册的执行，使体育场类项目建造管理工作得到持续改进，促进企业高质量发展。

　　由于编者水平有限，恳请提出宝贵意见。

目　　录

1

体育场概述

1.1　体育场功能组成

体育场是具有可供体育比赛和其他表演用途的宽敞室外场地，同时为大量观众提供座席的建筑物，是能够进行室外田径和足球等运动项目的体育建筑，其主要由场地区（含田径场及足球场）、看台板区、辅助用房区及配套设施等几部分组成。

体育场建筑的功能基本组成一般包括三大功能区：场地区、看台板区、辅助用房区。体育场建筑功能分区示意如图 1.1-1 所示。

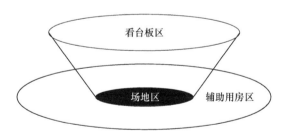

图 1.1-1　体育场建筑功能分区示意图

体育场各功能区主要用途见表 1.1-1。

<table>
<tr><td colspan="2" style="text-align:center">体育场各功能区主要用途</td><td style="text-align:right">表 1.1-1</td></tr>
<tr><td>功能区</td><td colspan="2">用途</td></tr>
<tr><td>场地区</td><td colspan="2">场地区即由首层用房或首层固定看台板围合的区域。比赛场地包括各类运动的标准场地及缓冲区。
场地区可利用空余场地设置多功能座席，也可用作赛时运动员、教练员、裁判员、摄影记者等人员的场地活动区域</td></tr>
</table>

续表

功能区	用途
看台板区	看台板区可分为坐式看台板和站式看台板，根据使用人群可划分为观众看台板区、贵宾看台板区、运动员看台板区、裁判员看台板区、新闻媒体记者看台板区等
辅助用房区	体育场建筑的辅助用房是指除比赛厅以外的用房，包括观众用房、运动员用房、贵宾用房、竞赛管理用房、新闻媒体用房、场馆运营用房及技术设备用房等

1.1.1 体育场功能区分类及流线

体育场建筑功能分区及流线见图 1.1-2。

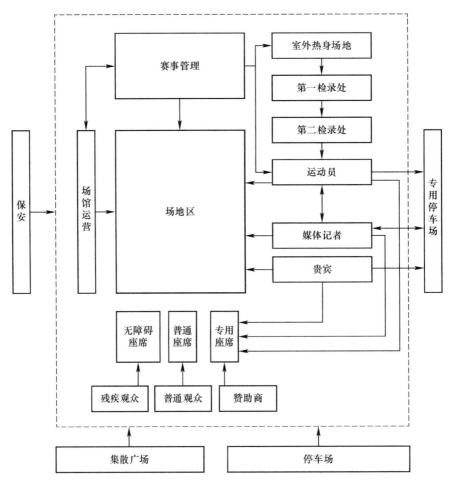

图 1.1-2　体育场建筑功能分区及流线示意图

1.1.2 体育场辅助用房区具体功能房间划分

体育场辅助用房区具体功能划分见图 1.1-3。

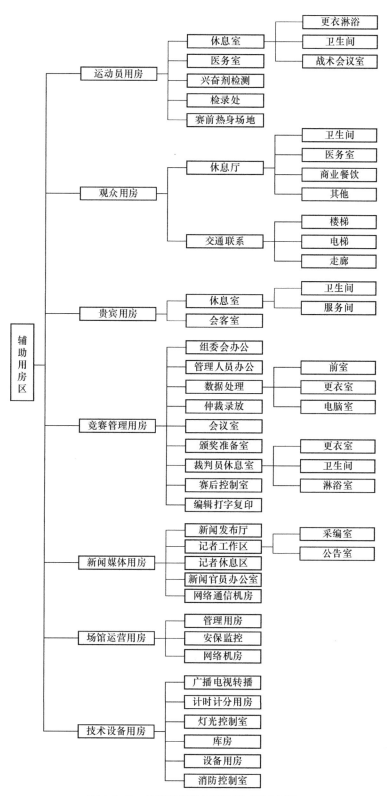

图 1.1-3 体育场辅助用房区功能划分图

1.2　体育场分类

1.2.1　按规模分类

体育场按照规模分级见表1.2-1。

体育场规模分级表　　　　　　　　　　　　表1.2-1

等级	观众席容量（座）	等级	观众席容量（座）
特大型	60000以上	中型	20000～40000
大型	40000～60000	小型	20000以下

1.2.2　按赛事等级分类

（1）体育场赛事等级、设计使用年限及耐火等级分级表（表1.2-2）。

体育场赛事等级、设计使用年限及耐火等级分级表　　　　　表1.2-2

建筑等级	主要使用要求	示例	设计使用年限	耐火等级
特级	举办奥运会及作为世界级比赛主场	特别重要并有重大意义的体育建筑	100年	1级
甲级	举办全国性和单项国际比赛	特别重要体育建筑	50年	不低于2级
乙级	举办地区性和全国性单项比赛	重要体育建筑		
丙级	举办地方性、群众性的运动会	一般体育建筑		

（2）体育场田径比赛场地规模表（附录三）。

（3）足球场地分类（附录四）。

1.2.3　按建造关键部位结构类型分类

体育场的关键结构部位通常是看台板结构和罩棚结构。看台板区混凝土结构具有空间体量大、造型曲线多、环向长度长等特点；罩棚结构具有空间跨度大、立体造型美观、结构形式新等特点，其决定了一座体育场建筑外观设计的独特程度，并且设计与施工难度较大，是最能体现体育场建筑与结构设计创意、设计水平的关键组成部分。

1. 按罩棚结构分类

罩棚结构类型见表1.2-3。

罩棚结构类型

表 1.2-3

罩棚结构形式	结构类型	结构体系优缺点
刚性结构罩棚体系	空间桁架结构	优点： 1. 杆件较少，可以建造出各种体态轻盈的大跨度结构； 2. 桁架结构中的杆件大部分情况下只受轴线拉力或压力，应力在截面上均匀分布； 3. 结构用料省，自重小，是体育场最常用的一种形式。 缺点： 1. 支座或转角处桁架密集，需要采用铸钢节点或球形节点； 2. 侧向刚度小，需要设置支撑增加空间刚度，施工难度较大
	空间网格结构	优点： 1. 结构传力途径简捷，呈现空间工作特性； 2. 质量轻，经济性指标高； 3. 刚度大，抗震性能好； 4. 结构杆件和节点便于定型化、商品化，可在工厂成批加工； 5. 施工安装方法简便。 缺点： 1. 结构杆件和节点几何尺寸的偏差对网格整体的内力、稳定性影响较大； 2. 网格结构在施工过程中存在较多的现场焊接作业
	空间网壳结构	优点： 1. 网壳结构兼有杆件结构和薄壳结构的主要特性，受力合理，跨度较大； 2. 网壳结构具有较大的刚度，结构变形小，稳定性高，节省材料。 缺点： 1. 网壳结构杆件和节点几何尺寸的偏差以及曲面的偏离对网壳的内力、整体稳定性和施工精度影响较大； 2. 网壳的矢高很大，增加了屋面面积和不必要的建筑内部空间，建筑材料和能源的消耗也随之增加
	折叠式网壳结构	优点： 1. 充分结合施工工艺，设计理念先进； 2. 杆件低空安装，施工作业效率高； 3. 安装中可以节省大量脚手架，减少工人的高空作业量。 缺点： 1. 整体结构的设计难度较大，需要进行设计与施工的一体化计算； 2. 节点设计复杂，受力性能要求高
刚柔性组合结构罩棚体系	弦支穹顶结构	优点： 1. 高强度拉索的引入可以充分发挥材料的强度，并且降低结构自重； 2. 可以实现较大的结构跨度； 3. 在下部预应力索系和上部刚性网格结合作用下，可以减小结构变形，使结构具有更大的变形储备； 4. 结构刚度较大，对边界支座的要求较低。 缺点： 1. 从施工角度看，施工过程得以简化，对支座环梁要求降低，但施工工艺要求高； 2. 拉索使用国外产品时，采购周期长

续表

罩棚结构形式	结构类型	结构体系优缺点
刚柔性组合结构罩棚体系	斜拉网格结构	优点： 1. 充分发挥拉索的高强度优势，减少材料用量； 2. 减少斜拉索在风荷载或地震作用下出现松弛、退出工作的可能性。 缺点： 1. 该结构体系需要设置塔柱作为斜拉桅杆，在一定程度上对建筑造型有影响； 2. 网格结构和斜拉索在施工过程中需要耗费较大的措施费； 3. 拉索的挂索和张拉难度较大
	张弦结构	优点： 1. 结构的水平反力可以达到自平衡状态，大大简化了对下部支撑结构的受力要求； 2. 结构效率高、力学性能卓越； 3. 施工安装较为方便，张拉方式简便； 4. 结构形式多样。 缺点： 1. 部分结构体系（如车幅式大开口索承网格结构）的刚性杆件在安装过程需要占用较多的支架； 2. 部分复杂结构在施工过程需要占用大量的张拉设备，张拉施工时间长，全过程模拟计算难度大
柔性结构罩棚体系（张力结构体系）	悬索结构	优点： 1. 充分发挥钢索高强度的抗拉性能； 2. 跨度大、自重轻、施工快捷； 3. 结构效能高。 缺点： 1. 结构找形分析计算的难度大； 2. 施工过程模拟难度大； 3. 结构刚度较小，变形较大
	环形张力索桁结构	优点： 1. 结构轻盈、钢材用量少； 2. 结构形式简洁，悬挑跨度大，适应于体育场罩棚体系的建筑需要； 3. 施工便捷。 缺点： 1. 由于结构刚度基本上都是由拉索预应力提供，对预应力的张拉控制要求高； 2. 张拉设备占用多，同步性要求高； 3. 施工过程中结构刚度小、稳定性差
	索穹顶结构	优点： 索穹顶结构一般大量适用预应力拉索，能充分发挥钢材的抗拉强度，结构效率极高。 缺点： 1. 设计施工难度大，索的找形难度大，施工工艺要求高，膜材不耐脏且易变色； 2. 当索材和膜材使用进口产品时，采购周期长，工期风险大

续表

罩棚结构形式	结构类型	结构体系优缺点
柔性结构罩棚体系（张力结构体系）	索－膜／充气膜／骨架支承膜结构	优点： 1. 索膜结构属于张力结构，依靠边缘构件与施加预应力建立结构的形态与刚度，具有造型优美、受力合理、安装简便等突出优点； 2. 自重轻、造型多变、节能环保、使用安全、安装速度快。 缺点： 1. 设计施工难度大，索的找形难度大，施工工艺要求高，膜材不耐脏且易变色； 2. 膜材和索材使用国外产品时，采购周期长、价格高

注：由于预应力空间结构的形式丰富多样，且在不断的创新发展过程中，本表根据目前主流的空间结构罩棚形式做了结构体系的分类，内容尚且不全，且部分结构形式的名称在专业领域并非唯一。本表的列举内容主要考虑当前施工领域涉及的主要结构形式，方便于本手册后续的内容书写以及读者对于空间结构体系的初步了解。

2. 按看台板结构类型分类

看台板一般分为现浇混凝土看台板和预制混凝土看台板，结构类型见表1.2-4。

看台板结构类型　　　　　　　　　　　　　　　　表1.2-4

看台板类型	特点
现浇混凝土看台板	1. 现浇看台板结构整体性和抗震性能好，对框架梁承载力贡献大，结构成本低，在满足养护时间后可以作为罩棚钢结构安装时的胎架基础； 2. 现浇混凝土看台板结构内弧外直，精度要求较高，模板支设难度大、钢筋绑扎、混凝土浇筑及养护等工序工期长； 3. 现浇看台板与下部框架结构可以同步支模施工，有利于大面积施工作业，操作工人对该建造方式的熟练程度高、接受度好； 4. 现浇看台板结构整体性好，比预制结构拼缝少，且防水效果较好
预制混凝土看台板	1. 预制构件受地域市场限制较大，运输成本较高； 2. 预制构件体积较大，且对堆放场地有一定要求，应在施工平面规划时对预制场地做好提前规划； 3. 预制看台板的结构设计仅考虑使用状态，承载力余量较小，不能在看台板上直接架设用于钢结构安装的胎架； 4. 预制构件码放、运输时需采取相应措施，避免构件磕碰损伤，严禁出现弯曲、破损等质量问题； 5. 预制构件安装前需对主体结构的相关部位进行检测验收，校核预埋件位置，标识施工安装定位控制线； 6. 预制构件吊装前，应做好预制构件、连接件及配套材料的进厂检验； 7. 预制看台板需要大面积占用内场的施工场地，与需要支撑结构的钢结构施工等存在很大的干涉； 8. 预制看台板一般用直线型，以折代曲，对现场现浇梁基坐标高精度要求高，不能有正偏差；预制看台板在顶部看台板区域由于板形较多，一般顶部看台板区域采用现浇看台板； 9. 预制看台板吊装前，需按图进行机电深化，做好管线预埋预留，同时加强与预制厂的沟通配合；吊装时做好接口部位处理与校核； 10. 预制看台板下的综合支架和综合管线可固定在预制板的基础支撑梁上，若确需在预制板上设置支架时，需进行结构受力验算。若预制板受力不满足要求，可设置钢结构转换层，用于支架安装

3. 按罩棚 + 看台板组合形式分类

根据企业以往体育场的建造经验, 基于建造关键线路影响工期的体育场的分类可按照罩棚和看台板组合形式划分, 具体分为以下几种类型, 见图 1.2-1。

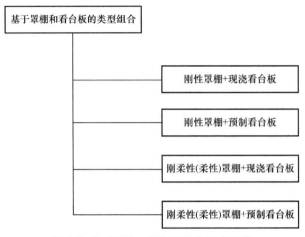

图 1.2-1　罩棚 + 看台板组合形式分类

2 高效建造组织

2.1 组 织 机 构

现代体育场一般是所在城市规划中的重要组成部分，是政府的重点工程、民心工程，建成后可以改善当地体育设施的现状，提升城市地位。工程从调研立项、规划选址、方案论证优化、施工建设等阶段开始就受到社会各界的广泛关注。体育场具有工期紧、质量要求高、体量大、造型复杂新颖等特点，平面管理及各项资源组织投入难度大。为保证总承包项目管理有效运行，工程建造全过程顺利开展，全面实现项目管理目标，优质高效地履行合同承诺，企业对项目采用矩阵式管理，工程总承包项目管理部采用直线职能式或矩阵式组织机构，项目部对项目质量、安全、投资、进度、职业健康和环境保护目标负责。

为便于平面管理，在施工总体部署中可以将平面分为 n 个施工区域，每个区域管理职能：负责本区域内的施工生产、施工质量、施工进度管理工作，作为各专业工程管理部的延伸。其他资源仍由项目部层级统一管理与协调。

建议 4 万座以下的体育场采用直线职能式项目管理组织机构模式，4 万座及以上体育建筑群体工程采用矩阵式项目管理组织机构模式。

工程总承包管理模式采用图 2.1-1、图 2.1-2 所示组织机构。

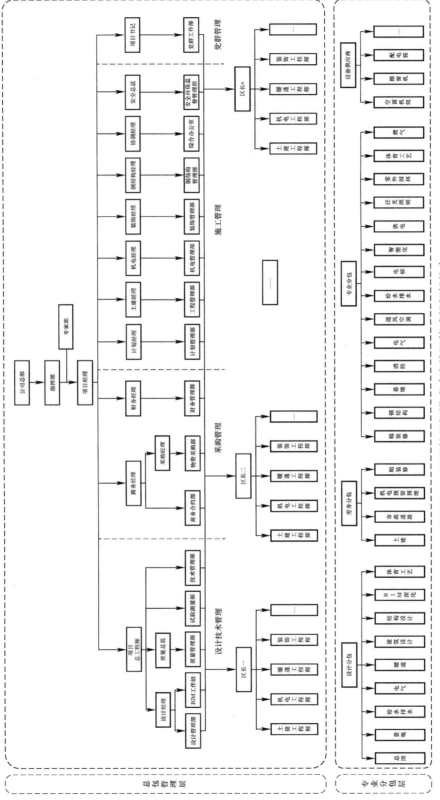

图 2.1-1 工程总承包模式（直线职能式组织机构）

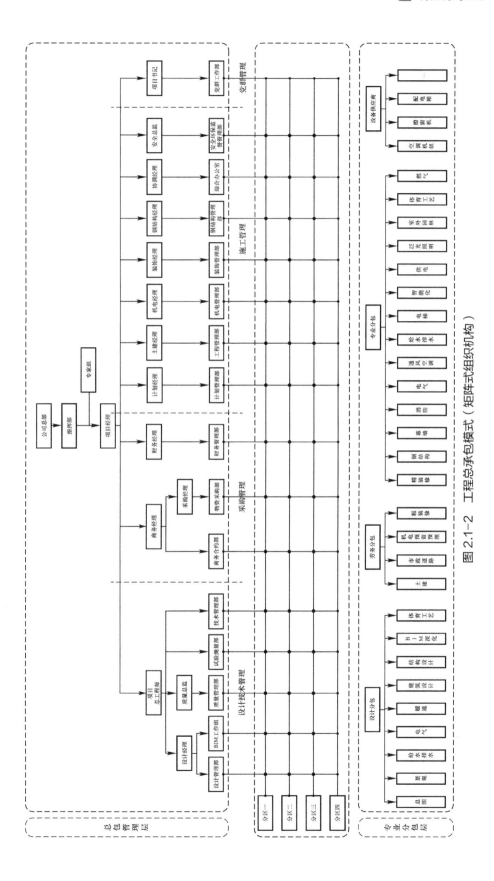

图 2.1-2　工程总承包模式（矩阵式组织机构）

2.2 设 计 组 织

2.2.1 设计生产和设计管理组织机构

体育场设计生产和设计管理团队需选择具有大型 EPC 项目丰富设计和设计管理经验的人员组成项目设计团队，人员从设计单位、各二级单位设计管理部选派，团队组织架构如图 2.2-1 所示。

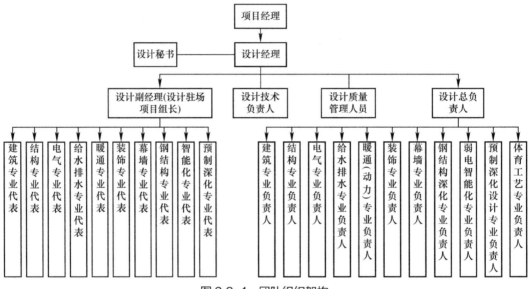

图 2.2-1 团队组织架构

2.2.2 设计阶段划分和设计工作总流程

体育场设计阶段划分与设计工作总流程，以及每阶段参与设计工作的主要专业详见图 2.2-2，其中灰底色节点是建设单位的工作内容。

2.2.3 施工图与深化设计阶段工作组织

1. 施工计划与施工图供图

施工图设计和深化设计阶段，体育场建造典型关键路径与施工图供图关键节点如图 2.2-3 所示。

2. EPC 模式下施工图提交工作流程

EPC 模式下施工图与深化施工图工作流程见图 2.2-4。

管理过程的相关要求如下：

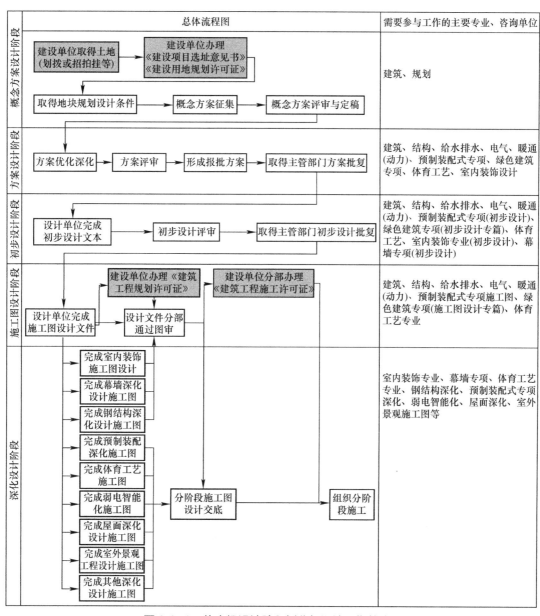

图 2.2-2 体育场设计阶段划分与设计工作总流程

（1）各节点的分部施工图提交和开始施工之间要预留充足的时间，以满足采购和备料加工的相关要求。

（2）各分包单位需提前介入。

（3）设计文件初稿审查阶段必须优先解决关键材料和设备的选型问题。

（4）设计文件送审稿之前需出具材料和设备技术规格书，包含材料和设备的参数以及型号，以满足采购、备料、加工的要求。出具正式的技术规格书以后，不再轻易变更。

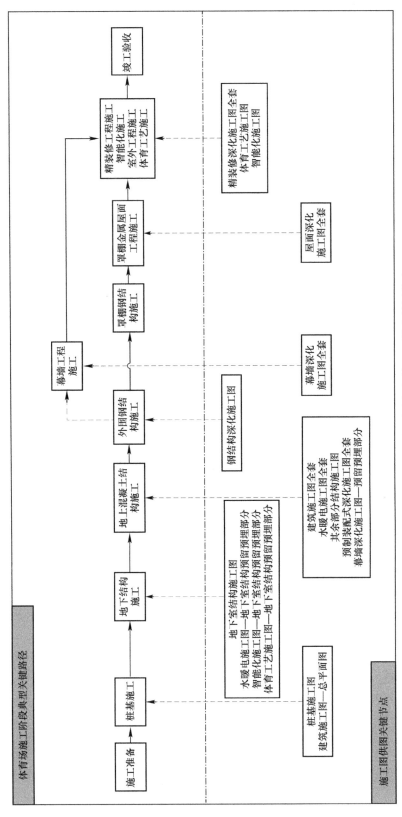

图 2.2-3 建造典型关键路径与施工图供图关键节点

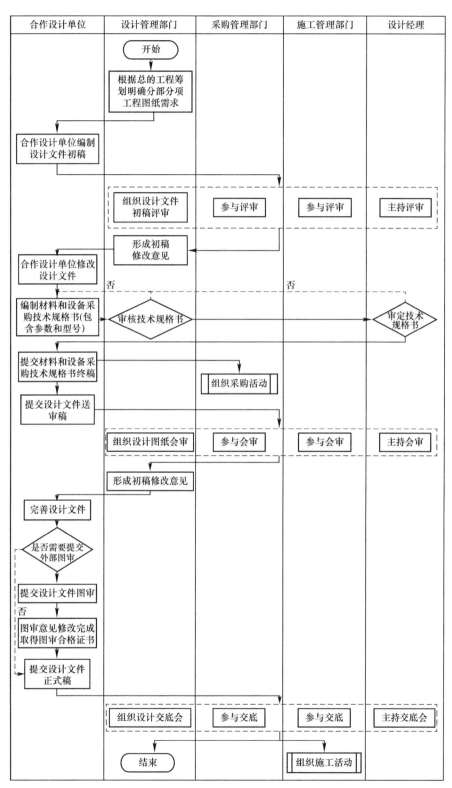

图 2.2-4　施工图与深化施工图工作流程

3. 体育场关键线路计划工期节点及前置条件（表 2.2-1）

体育场关键线路计划工期节点及前置条件

表 2.2-1

关键线路（施工准备开始的"0"点，典型工期760d）

阶段	类别（关键线路工期）	穿插时间(d)	编号	管控级别	业务事项	节点类别	参考周期(d)	标准要求	设计前置条件	采购单位前置条件	建设单位前置条件	参考案例	备注
设计阶段	设计工期	-120	1	1	概念方案确定	工期	30~60	概念方案得到地方和政府主管部门认可	设计概念方案	—	组织概念方案评审活动	—	—
		-90	2	3	方案设计文本编制	工期	30	按照国家设计文件深度规定完成报批文本编制	概念方案确定	—	—	—	规划局
		-60	3	—	方案设计评审、修改与报批	工期	15	政府主管部门组织方案设计评审、修改通过后报批，拿到方案批复	方案设计文本编制完成	—	组织方案送审及报批	—	—
		-60	4	2	初步设计文件编制	工期	30	达到审定条件	取得方案批复	主要设备采购推荐	初勘报告，修测地形图	—	—
		-30	5	6	各类专项评审与取得批复	工期	30	评审内容（含概算）	初步设计文本编制完成	确定设备参数及价格	组织专家审查、定案，组织初步设计送审及报批	—	规划局
		-10	6	1	施工图分阶段出图（第一批）	工期	45	通过图审的首批图纸	取得初步设计批复	大型设备及物资确定	—	—	含图审
		—	7	2	施工图分阶段出图（其余批次）	工期	按照工程总策划	通过图审，满足施工需要的其他图纸	施工图分阶段设计出图（其余批次）	—	—	—	—
		—	8	3	设计的总结及评优	工期	—	—	—	—	—	—	—

续表

关键线路（施工准备开始的"0"点，典型工期760d）

阶段	类别（关键线路工期）	穿插时间（d）	编号	管控级别	业务事项	节点类别	参考周期（d）	标准要求	设计前置条件	采购单位前置条件	建设单位前置条件	参考案例	备注
准备阶段	施工准备	0	9	2	控制点移交及复核	工期	1	完成控制点现场及书面移交，总包完成控制点复核及加密工作	用地红线及总平规划图、建筑物轮廓边线及定位	—	控制点文件移交	—	—
		0	10	1	三通一平（通水、电、路、场地平整）	工期	15	现场施工临水、道路、临电布置完成，满足场内外交通顺畅	用地红线及总平规划图、建筑物轮廓边线及定位	临设劳务队伍、钢筋、混凝土、模板等招采	施工总平图审批	—	—
		0	11	1	临舍、外墙和场内加工棚搭设	工期	15~60	具备开工条件	用地红线及总平规划图、建筑物轮廓边线及定位	临设施工队伍和相关材料招采	施工总平图和临设布设方案审批	—	辅助工序根据需求
施工阶段	地基与基础	5	12	1	工程桩试桩及检测	工期	40	试桩施工完成并完成实验检测及数据核查工作	试桩设计类型和指标参数	桩基施工队伍和桩基主材招采	方案审批	—	—
		3	13	1	基坑支护	工期	30	支护及止水（若包含止水帷幕）工作全部完成	基坑支护设计施工图	基坑支护、降水施工队伍和材料招采	方案审批	—	—
		5	14	2	基坑降水施工	工期	—	包含降水井施工、降水管布设、正常降水、回填完成后降水结束四个阶段	基坑降水设计施工图	基坑支护、降水施工队伍和材料招采	方案审批	—	辅助工序不占工期

续表

关键线路（施工准备开始的"0"点，典型工期760d）

阶段	类别（关键线路工期）	穿插时间（d）	编号	管控级别	业务事项	节点类别	参考周期（d）	标准要求	设计前置条件	采购单位前置条件	建设单位前置条件	参考案例	备注
施工阶段	地基与基础	10	15	2	工程桩施工及检测	工期	40	根据工程实际与土方施工合理穿插，工程桩施工完成并完成桩间土开挖，桩头处理等工作	工程桩基设计施工图	桩基施工队伍及桩基主材采购	方案审批	—	—
		20	16	1	地基处理	工期	50	根据土质条件及设计要求完成相应类型地基处理	地基处理施工图纸	地基处理施工队伍及相关材料招采	方案审批	—	—
		15	17	1	土方工程开挖（上）	工期	30	土方全部完成（含出土坡道部分）	地下结构施工图	土方施工队伍招采	方案审批	—	—
		40	18	3	室内土方回填	工期	20	室内回填至施工图设计底板标高（含设备房回填）	地下结构施工图	土方、劳务施工采购	方案审批	—	非关键线路
		61	19	3	基础防水	工期	20	底板防水验收合格	地下室结构施工图	防水施工队伍及相关材料招采	方案审批	—	—
	地下主体混凝土结构	65	20	1	地下室结构工程	工期	30	地下室顶板混凝土浇筑完成，正负零结构完成	地下室结构施工图，地下室水暖电预埋预留施工图	主体施工队伍及结构相关主材招采	方案审批	—	—
		70	21	2	劲性混凝土结构埋件施工	工期	40	钢结构埋件施工完成，验收合格	劲性钢结构施工图	钢结构施工队伍及钢结构材料招采	方案审批	—	—

续表

关键线路（施工准备开始的"0"点，典型工期760d）

阶段	类别（关键线路工期）	穿插时间（d）	编号	业务事项	节点类别	参考周期（d）	标准要求	设计前置条件	采购单位前置条件	建设单位前置条件	参考案例	备注
施工阶段	地下主体混凝土结构	70	22	劲性混凝土施工	工期	40	劲性钢结构施工完成	劲性钢结构施工图	钢结构施工队伍及材料招采	方案审批	—	—
		90	23	保温施工	工期	30	完成保温施工	地下室建筑施工图纸	保温队伍及材料招采	方案审批	—	非关键线路
		90	24	室外土方回填	工期	20	完成主体结构外围肥槽回填（不含室外回填/平衡）	地下室建筑施工图纸	土方队伍招采	方案审批	—	非关键线路
	地上主体混凝土结构	100	25	主体混凝土结构施工（现浇看台板/含看台板）	工期	120	全部顶层混凝土浇筑完成	地上结构施工图	主体劳务和结构主材招采	方案审批	—	—
		100	26	主体混凝土结构施工（预制/不含看台板）	工期	120	主体混凝土结构完成	地上结构施工图	主体劳务和结构主材招采	方案审批	—	—
		100	27	预应力结构施工	工期	50	预应力结构施工完成	预应力结构施工图纸	预应力结构队伍及材料招采	方案审批	—	—
		110	28	预制看台板吊装施工	工期	60	预制看台板吊装完成、验收合格	地上结构施工图	预制构件队伍和主材招采	方案审批	—	—
		110	29	幕墙埋件施工	工期	145	随主体结构进度、幕墙埋件施工完成、验收合格	地上建筑施工图	幕墙结构队伍招采	方案审批	—	—

续表

关键线路（施工准备开始的"0"点，典型工期760d）

阶段	类别（关键线路工期）	穿插时间（d）	编号	管控级别	业务事项	节点类别	参考周期（d）	标准要求	设计前置条件	采购单位前置条件	建设单位前置条件	参考案例	备注
施工阶段	罩棚钢结构	60	30	2	钢结构深化设计	工期	30	达到钢构加工要求				—	—
		90	31	2	钢结构埋件施工	工期	90	埋件安装完成，验收合格				—	—
		140	32	1	钢构件加工、排产	工期	120	钢结构构件排产完成，进行加工				—	—
		140	33	1	铸钢件加工、排产	工期	120	铸钢件排产完成，进行加工				—	—
		231	34	1	罩棚拼装场地、吊车走行走路线准备	工期	30	场地清理完成，达到拼装要求				—	—
		250	35	1	胎架支撑点结构加强	工期	45	根据施工方案计算书，结构受力、结构加固完成，验收合格	钢结构施工图及深化设计计图	钢构专业分包招采	钢结构材料确认和钢结构施工方案审批	—	—
		250	36	1	设备进场组装	工期	45	设备组装满足使用要求				—	—
		260	37	1	胎架安装	工期	20	根据施工方案胎架安装完成，验收合格				—	—
		260	38	1	钢构件吊装、安装	工期	90	—				—	—
		320	39	2	马道施工	工期	30	马道施工完成，验收合格				—	非关键线路
		350	40	3	胎架卸载	工期	2	胎架卸载完成				—	非关键线路
		351	41	2	钢结构验收	工期	1	验收合格				—	非关键线路

续表

阶段	类别（关键线路工期）	穿插时间（d）	编号	管控级别	业务事项	节点类别	参考周期（d）	标准要求	设计前置条件	采购单位前置条件	建设单位前置条件	参考案例	备注
施工阶段	罩棚结构 — 柔性罩棚						关键线路（施工准备开始的"0"点，典型工期760d）						
		180	42	2	索结构深化设计	工期	30	达到加工要求				—	—
		200	43	1	罩棚结构埋件施工	工期	90	埋件安装完成、验收合格				—	—
		240	44	1	罩棚构件加工、排产	工期	120	钢结构构件排产完成，进行加工				—	—
		240	45	1	铸钢件加工、排产	工期	120	铸钢件排产完成、进行加工				—	—
		351	46	1	进场安装	工期	7	具备安装条件	罩棚结构施工图及深化设计图	罩棚专业分包招采	罩棚结构材料确认和罩棚结构施工方案审批	—	—
		351	47	1	操作平台安装	工期	20	场地清理完成、达到拼装要求				—	—
		360	48	1	铺索安装、张拉	工期	30	满足设计及规范要求				—	—
		370	49	1	罩棚结构预应力施工（根据工况而定）	工期	90	预应力施工完成、验收合格				—	—
		500	50	2	马道施工	工期	30	马道施工完成、验收合格				—	—
	刚柔性罩棚	180	51	2	钢、索结构深化设计	工期	30	达到加工要求	罩棚结构施工图及深化设计图	罩棚专业分包招采	罩棚结构材料确认和罩棚结构施工方案审批	—	—
		200	52	2	罩棚结构埋件施工	工期	90	埋件安装完成、验收合格				—	—
		240	53	1	钢、索构件加工、排产	工期	120	钢结构构件排产完成，进行加工				—	—
		240	54	1	铸钢件加工、排产	工期	120	铸钢件排产完成、进行加工				—	—

续表

阶段	类别（关键线路工期）		穿插时间（d）	编号	管控级别	业务事项	节点类别	参考周期（d）	标准要求	设计前置条件	采购单位前置条件	建设单位前置条件	参考案例	备注
施工阶段	罩棚结构	刚柔性罩棚	351	55	1	罩棚拼装场地、吊车行走路线准备	工期	30	场地清理完成、达到拼装要求				—	—
			351	56	1	胎架支撑点结构加固	工期	45	根据施工方案、结构受力计算书、结构加固完成、验收合格				—	—
			360	57	1	设备进场组装	工期	45	设备组装满足使用要求				—	—
			365	58	2	胎架安装	工期	20	根据施工方案胎架安装完成、验收合格				—	—
			360	59	1	索进场安装	工期	30	索材料满足设计和规范参数要求	罩棚结构施工图及深化设计图	罩棚专业分包招采	罩棚结构材料确认和罩棚结构施工方案审批	—	—
			365	60	2	操作平台安装	工期	360	场地清理完成、达到拼装要求				—	—
			365	61	1	铺索安装、张拉	工期	30	符合设计及规范要求				—	—
			370	62	1	罩棚结构预应力施工（根据工况而定）	工期	90	预应力施工完成、验收合格				—	—
			500	63	2	马道施工	工期	30	根据钢结构质量验收规范，马道施工完成、验收合格				—	—
			530	64	3	胎架卸载	工期	2	胎架卸载完成				—	—

续表

关键线路（施工准备开始的"0"点，典型工期760d）

阶段	类别（关键线路工期）		穿插时间(d)	编号	管控级别	业务事项	节点类别	参考周期(d)	标准要求	设计前置条件	采购单位前置条件	建设单位前置条件	参考案例	备注
施工阶段	屋面工程	金属屋面	400	65	2	金属屋面深化设计	工期	30	达到加工要求	金属屋面施工图和深化设计图	金属屋面专业分包采购	屋面材料品牌和样板确认，施工方案审批	—	—
			450	66	1	金属屋面采购加工	工期	90	金属屋面构件排产完成，进行加工				—	—
			540	67	2	四性试验	工期	30	试验各项指标参数符合要求				—	—
			541	68	1	檩托、檩条施工	工期	20	檩托施工完成、验收合格				—	—
			555	69	1	基层施工	工期	40	安装完成、验收合格				—	—
			595	70	1	面层施工	工期	30	安装完成、验收合格				—	—
			581	71	2	防雷施工	工期	50	验收合格				—	—
		膜结构	440	72	2	膜结构深化设计	工期	30	安装完成、验收合格				—	—
			470	73	1	膜结构采购加工	工期	120	膜结构构件排产完成，进行加工				—	—
			590	74	1	膜支撑骨架安装	工期	30	验收合格				—	—
			600	75	1	膜结构张拉安装	工期	30	满足设计及规范要求				—	—
	幕墙施工		430	76	2	深化设计、板块划分	工期	30	达到加工要求	幕墙施工图和深化设计图	幕墙专业分包招采	幕墙材料品牌和样板确认，施工方案审批	—	—
			460	77	1	采购、加工	工期	30	构件排产完成，进行加工				—	—
			490	78	2	幕墙施工及泛光照明施工样板段	工期	45	完成样板墙和样板段，由项目部现场签认				—	—
			500	79	1	幕墙埋件预埋及验收	工期	30	埋件纠偏完成、验收合格				—	—

续表

关键线路（施工准备开始的"0"点，典型工期760d）

阶段	类别（关键线路工期）	穿插时间(d)	编号	管控级别	业务事项	节点类别	参考周期(d)	标准要求	设计前置条件	采购单位前置条件	建设单位前置条件	参考案例	备注
施工阶段	幕墙施工	540	80	1	幕墙龙骨及面板安装	工期	90	幕墙埋件安装及相关检测完成，龙骨安装完成，防腐除锈到位，墙面基层处理到位，保温安装完成	幕墙施工图和深化设计图	幕墙专业分包招采	幕墙材料品牌和样板确认，施工方案审批	—	—
		570	81	2	幕墙门、窗安装	工期	60	门窗安装完成				—	—
	二次结构（非关键线路）	主体结构拆模后适时插入	82	2	非承重墙施工	工期	主体结构拆模后90d内完成	除预留设备运输通道外，所有墙体砌筑抹灰完成	全套建筑施工图	二次结构施工劳务队伍及相关材料招采	方案审批	—	非关键线路，灵活插入，但不能影响后续工作
	粗装饰（非关键线路）	二次结构完成后，适时插入	83	2	样板段（间）施工	工期		完成地下室地面、墙面、顶棚以及管线综合样板，项目部现场签认			施工方案审批		非关键线路，灵活插入，但不能影响后续工作
			84	2	抹灰施工	工期	主体混凝土结构拆模后180d内完成	主体结构验收合格后墙面展开抹灰			施工方案审批		
			85	2	地坪施工	工期		按照图纸要求完成			施工方案审批		
			86	2	防火门/防火卷帘安装	工期		除商业区域外，全部安装完成，卷帘完成单点调试	全套建筑施工图，水暖电施工图	施工劳务队伍及相关材料招采	品牌和样板确认，施工方案审批		
			87	2	设备用房装修	工期		土建装修完成			施工方案审批		
			88	2	看台板面层施工	工期		安装完成，验收合格具备使用条件			样板确认，施工方案审批		

续表

关键线路（施工准备开始的"0"点，典型工期760d）

阶段	类别（关键线路工期）	穿插时间(d)	编号	管控级别	业务事项	节点类别	参考周期(d)	标准要求	设计前置条件	采购单位前置条件	建设单位前置条件	参考案例	备注
施工阶段	机电安装（含精装）	350	89	3	通风空调风管、水管道安装	工期	90	除租赁区域支管外，所有机房外主管道施工完成				—	—
		640	90	3	空调机房设备安装	工期	45	空调机组安装完成，管道安装完成				—	—
		640	91	3	风机盘管、送排风、防排烟风机安装	工期	55	风机盘管安装完成，送排风、防排烟风管、风管水管安装就位				—	—
		650	92	2	制冷、换热机房设备安装	工期	40	安装前基础结构、墙面抹灰、顶棚抹灰完成，制冷、换热设备到场就位，机房内其他设备安装就位，管道连接完成	全套水暖电施工图纸及相关深化图纸	机电安装施工队伍及相关材料招采	深化图纸、设备确认，施工方案审批	—	—
		650	93	2	送回风、防排烟风口安装	工期	20	全部安装并调整完成				—	—
		610	94	2	给水排水、消防、污废水管道安装	工期	90	除租赁区域支管外，所有给水排水主管、污废水主管施工完成				—	—
		630	95	2	生活、消防、污废水泵安装	工期	60	生活、消防、污废水泵采到场安装就位，水箱、水泵支管道连接完成				—	—
		630	96	1	喷淋头、水炮、消火栓箱安装	工期	60	卫生器具、水炮、喷淋头、消火栓支管安装完成，消火栓及支管试压完成				—	—

续表

关键线路（施工准备开始的"0"点，典型工期760d）

阶段	类别（关键线路（关键线路工期））	穿插时间（d）	编号	管控级别	业务事项	节点类别	参考周期（d）	标准要求	设计前置条件	采购单位前置条件	建设单位前置条件	参考案例	备注
施工阶段	机电安装（含精装）	680	97	2	高压细水雾灭火系统安装	工期	10	满足高压细水雾系统管网安装及规范要求			—	—	—
		680	98	2	气体灭火系统安装	工期	10	所有灭火系统管网安装完成			—	—	—
		600	99	2	导管、梯架、托盘、槽盒、母线槽安装	工期	70	导管、梯架、托盘、槽盒、母线槽安装完成			—	—	—
		650	100	2	照明、动力配电箱（柜）、控制箱（柜）安装	工期	45	全部安装并测试完成			—	—	—
		650	101	2	高低压配电柜安装	工期	45	高低压配电设备就位，高压进线、母线安装并测试完成，通过供电部门验收并具备供电条件	全套水暖电施工图纸及相关深化图纸	机电安装施工队伍及相关材料招采	—	—	—
		640	102	2	接地系统完成	工期	60	施工完成并经测试具备验收条件			—	—	—
		640	103	2	导管内穿线和梯架、托盘盒内敷线	工期	60	电缆、电线敷设，电缆头制作压接，接线并测试完成			—	—	—
		660	104	2	灯具、开关、插座安装	工期	30	灯具、开关、插座安装并测试完成			—	—	—
		680	105	2	配电箱（柜）、控制箱（柜）送电	工期	10	正式电由低压配电室送至配电箱（柜）、控制箱（柜）			—	—	—
		620	106	2	保温、油漆、标识	工期	50	管道试压、风管漏光试验后完成，油漆完成，然后完成标识			—	—	—

续表

关键线路（施工准备开始的"0"点，典型工期760d）

阶段	类别（关键线路工期）	穿插时间（d）	编号	管控级别	业务事项	节点类别	参考周期（d）	标准要求	设计前置条件	采购单位前置条件	建设单位前置条件	参考案例	备注
施工阶段	机电安装（含精装）	670	107	1	设备单机调试	工期	30	所有设备均通电调试完成，达到联调联试运行条件	全套水暖电施工图纸及相关深化图纸	机电安装工队伍及相关材料招采	—	—	—
		680	108	1	系统联合调试	工期	30	系统运行设计要求，具备交付条件			—	—	—
		580	109	2	建筑智能化线路敷设	工期	60	智能化线路敷设并测试完成	深化设计图纸	施工队伍及相关材料招采	深化图纸，设备确认，施工方案审批	—	—
		610	110	2	建筑智能化设备安装	工期	40	完成智能化设备安装，可通电测试				—	—
		650	111	2	建筑智能化系统调试	工期	15	完成智能化各系统的单独调试				—	—
		680	112	1	建筑智能化全系统联调	工期	30	各系统测试完成并具备联动调试条件				—	—
		690	113	1	建筑智能化试运行	工期	30	各系统联动调试完成并能正常投入运行				—	—
	电扶梯（非关键线路）	二次结构完成后，适时插入	114	2	电梯安装作业面移交	工期	30	电梯机房、电梯井道砌筑及抹灰（若有）完成，相关部位尺寸复核合格，预留、预埋、完成井道面移交手续	电梯施工图和相关深化设计图	电梯专业分包及相关材料招采	品牌样板和深化图纸确认，施工方案审批	—	非关键线路，灵活插入，但不影响后续验收
			115	2	扶梯安装作业面移交	工期	30	电梯相关部位尺寸复核合格，预留、预埋、完成井道书面移交手续				—	
			116	2	电梯及扶梯安装及调试验收及投入使用	工期	75	安装调试完成，临时投入使用，为现场拆除创造临时用电条件，使用结束后正式验收完成并扶梯取得合格证				—	

续表

关键线路（施工准备开始的"0"点，典型工期760d）

阶段	类别（关键线路工期）	穿插时间(d)	编号	管控级别	业务事项	节点类别	参考周期(d)	标准要求	设计前置条件	采购单位前置条件	建设单位前置条件	参考案例	备注
施工阶段	体育工艺	640	117	2	管路敷设	工期	30	体育场走廊、房间及钢结构内部的管路敷设完成				—	—
		640	118	2	线缆敷设	工期	30	体育工艺系统线路敷设并测试完成				—	—
		670	119	1	设备安装	工期	40	设备按要求安装完成且位于钢结构上的设备符合荷载要求	体育工艺、智能化施工图纸及相关专业深化设计图	体育工艺、智能化专业分包招采	品牌样板和深化图纸确认、施工方案审批	—	—
		690	120	1	系统调试	工期	30	各系统测试完成并具备联动条件				—	—
		690	121	1	系统试运行	工期	30	各系统联动调试完成并正常投入运行，且符合竞赛要求				—	—
		631	122	1	比赛场地　体育场塑胶跑道施工	工期	90	施工完成、验收合格	体育工艺施工图纸相关深化设计图	内场地是否换土	品牌样板和深化图纸确认、施工方案审批	—	—
		631	123	1	体育场草坪施工	工期	90	施工完成、验收合格				—	—
		660	124	1	链球、铁饼、铅球、障碍水池、撑杆跳等场地设施安装及调试	工期	60	施工完成、验收合格				—	—
		660	125	2	看合板区粉刷	工期	60	施工完成、验收合格				—	—

续表

关键线路（施工准备开始的"0"点，典型工期760d）

阶段	类别（关键线路（关键工期）	穿插时间（d）	编号	管控级别	业务事项	节点类别	参考周期（d）	标准要求	设计前置条件	采购单位前置条件	建设单位前置条件	参考案例	备注
施工阶段	精装修工程	630	126	1	看台板区	工期	90	施工完成、验收合格	精装修施工图及相关深化设计图	装饰精装修施工图及相关深化设计图	设计范围确认、品牌样板和深化图纸确认、施工方案审批	—	—
		580	127	1	公共区	工期	240	施工完成、验收合格				—	—
		540	128	1	场馆运营区	工期	180	施工完成、验收合格				—	—
		540	129	1	赛事管理区	工期	180	施工完成、验收合格				—	—
		560	130	2	运动员及教练区	工期	90	施工完成、验收合格				—	—
		510	131	1	贵宾及官员区	工期	210	施工完成、验收合格				—	—
		540	132	2	赞助商区	工期	180	施工完成、验收合格				—	—
		530	133	1	新闻媒体区	工期	180	施工完成、验收合格				—	—
		570	134	2	安全与保卫区	工期	150	施工完成、验收合格				—	—
	室外及市政配套工程	630	135	2	红线外市政施工	工期	75	红线电力、热力、给水、雨污水、电信等工程管道施工或设备安装完成，并连接至相应设备用房，包含各专业分包单位施工内容	总平面、园林景观施工图、室外景观绿化管网图及相关深化设计图	室外工程专业分包、安装专业分包、园林景观绿化专业分包及相关深化设计图等招标完成	施工图纸及施工图审核、深化设计审批、施工方案审批	—	—

续表

关键线路（施工准备开始的"0"点，典型工期760d）

阶段	类别（关键线路工期）	穿插时间（d）	编号	管控级别	业务事项	节点类别	参考周期（d）	标准要求	设计前置条件	采购单位前置条件	建设单位前置条件	参考案例	备注
施工阶段	室外及市政配套工程	630	136	2	红线内市政施工	工期	75	红线电力、热力、给水、雨污水、电信等工程管道施工或设备安装完成，并连接至相应设备用房，包含专业分包单位施工内容				—	—
		700	137	1	雨污水正式接通	工期	10	雨污水系统达到排放条件				—	—
		700	138	1	正式供水	工期	10	市政供用水至加压泵房或计量水表，随时具备使用条件				—	—
		700	139	1	正式供气	工期	10	通气至调压站，商辅厨房内管道完成至计量表				—	—
		700	140	1	正式通信	工期	10	电信机房安装完成，外部光纤接入机房，具备电话开通条件				—	—
		700	141	1	正式供电	工期	10	外电通电至开闭所，送电至地下室设备房。竣工验收前3个月完成				—	—
		700	142	1	正式供暖、蒸汽	工期	10	通暖至换热站				—	—
		630	143	2	景观及泛光照明样板段施工	工期	40	完成景观树形、冠形选择，硬质铺装样板段施工完成（样板段应包括所有材质铺装，典型花坛等代表性构件），铺装范围内应包含标志性标志或景观造型一处	总平面、园林景观施工图、室外市政管网图及相关深化设计图	室外工程专业分包、安装专业分包、园林景观绿化专业分包及相关深化设计完成	施工图设计图纸及核、施工方案审批	—	—

续表

关键线路（施工准备开始的"0"点，典型工期760d）

阶段	类别（关键线路/关键工期）	穿插时间(d)	编号	管控级别	业务事项	节点类别	参考周期(d)	标准要求	设计前置条件	采购单位前置条件	建设单位前置条件	参考案例	备注
施工阶段	室外及市政配套工程	670	144	2	室外基层	工期	40	主要为景观工程硬质铺装垫层、消防道路基层、广场垫层等基层材料施工完成				—	—
		680	145	2	海绵城市	工期	30	施工完成，验收合格				—	—
		690	146	2	安防、检测	工期	20	施工完成，验收合格	总平面、园林景观施工图、室外市政管网图及相关深化设计图	室外工程专业分包、安装专业分包、园林景观绿化专业分包及相关深化设计招标完成	施工图纸及深化设计图审核、施工方案审批	—	—
		630	147	2	室外景观及泛光照明	工期	90	广场硬质铺装完成，广场夜景照明安装调试完成				—	—
		630	148	1	室外栏杆的安装	工期	90	室外栏杆及相关边完成				—	—
		630	149	2	景观绿化	工期	90	乔木种植完成，所有苗木、地被种植完成，小品、雕塑安装完成				—	—
		630	150	2	导向标识	工期	90	完成与消防有关的导视，完成所有导视标识安装调试				—	—
		690	151	1	市政道路、正式开通	工期	20	路面沥青粗油完成，具备通车条件，沥青面层完成				—	—
验收阶段	竣工验收	过程分阶段验收	152	1	工程验收（桩基、地基与基础、主体结构、罩棚结构、防雷、电梯、节能、消防、人防、白蚁防治等）	工期	120	取得相关验收合格单	提供相关验收报告	—	提供相关验收报告	—	相关监督部门

续表

关键线路（施工准备开始的"0"点，典型工期760d）

阶段	类别（关键线路（关键工期））	穿插时间(d)	编号	管控级别	业务事项	节点类别	参考周期(d)	标准要求	设计前置条件	采购单位前置条件	建设单位前置条件	参考案例	备注
验收阶段	竣工验收	680	153	1	体育工艺验收（场区、场地设备、竞赛智能化）	工期	60	完工验收合格、测试赛检验验收合格	提供相关验收报告	—	组织相关体育部门验收	—	—
	备案移交	730	154	2	备案	工期	30	档案馆资料，正式接收	提供相关审图报告		提供国有土地使用权证、建设用地规划许可证等、建设工程规划许可证等，建设单位、监理单位验收归档资料	—	地方档案馆
		730	155	1	体育场移交	工期	30	正式移交建设单位或其相关部门，书面会签完成	—		—	—	使用单位

备注：施工前置条件　内场地是否换土（建议与前期土方开挖同步换土）。地理系统、基层（沥青混凝土）、面层（塑胶跑道），移植草坪、耕种草坪、在测试赛前2个月施工完成（注意季节性）。A类赛事塑胶跑道铺贴人员需持证

2.3 采购组织

2.3.1 采购组织机构

采购组织机构基于"集中采购、分级管理、公开公正、择优选择、强化管控、各负其责"的原则，实施"三级管理制度"（公司层、分公司层、项目层），涵盖全采购周期的组织机构，从根本保障采购管理工作有序开展。公司层级以决策为主，分公司层级以组织招采为主，项目部以协助完成招采全周期工作为主。采购组织机构见图 2.3-1。

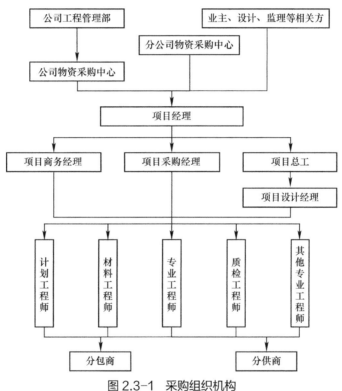

图 2.3-1 采购组织机构

2.3.2 岗位及职责

采购组织机构岗位及职责划分见表 2.3-1。

采购组织机构岗位及职责划分　　　　　　　　　　　　　　　表 2.3-1

序号	层级	岗位	主要职责
1	公司	总经济师	1）指导采购概算和采购策划审批； 2）对接发包方高层

序号	层级	岗位	主要职责
2	公司	物资部经理	1）组织编制采购策划； 2）协调企业内、外采购资源整合； 3）审批招标文件、物资合同等相关招采事项
3	分公司	总经济师	1）组织完善采购概算和目标； 2）参与编制采购策划； 3）审批供应商考察入库； 4）审批中标供应商及相关招采事项
4	分公司	物资部经理	1）组织考察供应商、采购资源整合； 2）牵头组织招采工作； 3）监督项目物资工作开展和采购策划落地实施情况
5	项目部	项目经理	1）负责落实采购人员配备； 2）协调落实采购策划； 3）对接发包方成本分管领导； 4）协调设计、采购、施工体系联动
6	项目部	总工程师	1）负责对物资招采提供技术要求； 2）负责物资招标过程中的技术评标和技术审核； 3）负责完成大型机械设备的选型和临建设施的选用； 4）协助合同履行及物资验收工作
7	项目部	商务经理	1）负责物资预算量的提出； 2）负责物资招采控制价的提出； 3）参与物资采购策划编制； 4）负责合同外物资的发包方认价； 5）负责物资三算对比分析
8	项目部	设计经理	1）负责重要物资技术参数的入图； 2）负责对物资招采提供技术要求； 3）负责新材料、新设备的选用； 4）负责控制物资的设计概算； 5）负责物资的设计优化，提高采购效益
9	项目部	采购经理	1）配合分公司完成招采工作，负责项目部发起的招采工作； 2）负责完成采购策划、采购计划的编制和过程更新，参与项目整体策划； 3）负责与设计完成招采前置工作、采购创新创效工作； 4）负责控制采购成本，严把质量关； 5）负责物资的节超分析、采购成本的盘点； 6）负责物资的发包方认价工作及物资品牌报批； 7）负责组织编制主要物资精细化管理制度、项目物资管理制度、参与总承包管理手册编制； 8）定期组织检查现场材料耗用情况，杜绝浪费和丢失现象；贯彻执行上级物资管理制度，制定、完善并落实项目部的物资管理实施细则； 9）负责协调分区项目部物资工作，制定具体人员分工，全面掌控物资管理工作； 10）负责及时提供工程物资市场价格，为项目标价分离提供依据； 11）配合或参加公司/分公司物资集中招标采购，组织物资采购/租赁合同在项目部的评审会签及交底，建立项目部物资合同管理台账；

续表

序号	层级	岗位	主要职责
			12）负责组织物资人员配合商务经理做好对发包方的材料签证工作，按时向商务经理、成本会计提供成本核算及成本分析所需的数据资料； 13）负责监管项目整体物资的调剂及调拨工作； 14）负责监督信息化平台上线及录入工作； 15）负责监督整个项目物资统计工作，计划、报验、报表、信息系统上传，资料整理 合技术质量部门完成施工组织设计、施工方案； 织项目剩余废旧物资的调剂、处理工作； 责组织整个项目所有材料进场、验证、现场管理、退场工作，做好整体管控工 项目物资月度、半年、年度盘点，负责审核分区材料工程师编制的各种报表资料
			照物资采购计划，合理安排物资采购进度； 与物资的招采工作，收集分供方资料和信息，做好分供方资料报批的准备工作； 责物资的催货和提运； 责施工现场物资堆放和物资储运、协调管理； 责物资的盘点、物资进出场管理； 责对分包商的物资管控，按规定建立物资台账，负责进场物资的验证和保管工作； 责进场物资的标识； 责进场物资各种资料的收集保管； 责进退场物资的装卸运，贯彻执行上级物资管理制度，制定、完善并落实分区区管理实施细则； 与项目整体策划及物资管理策划； 与公司 / 分公司物资集中招标采购，组织物资采购 / 租赁合同在项目部的评审会； 责向商务、成本会计提供成本核算及成本分析所需的数据资料； 责监督分管区域物资统计工作，计划、报表、信息系统上传、资料整理归档及工作； 责组织分管区域所有材料进场、验证、现场管理、退场工作，做好整体管控工 项目物资月度、半年、年度盘点，负责审核材料工程师编制的各种物资盘点资料
			责工期总计划编制和更新，结合工期节点，制定物资进场时间节点； 责物资需用计划编制； 责物资进场计划的管控； 合采购经理完成采购计划编制和过程更新
			责物资需用计划编制； 协编制采购计划，并满足工程进度需要； 责物资签订技术文件的分类保管，立卷存查
		工程师	责按规定对本项目物资的质量进行检验，不受其他因素干扰，独立对产品做好放否决，并对其决定负直接责任； 2）负责产品质量证明资料评审，填写进货物资评审报告，签章认可后，方可投入使用
14	项目部	其他专业工程师	1）参与大型起重设备、安全等特殊物资的招采工作； 2）参与大型起重设备、安全等特殊物资的验收

2.3.3 材料设备采购总流程

材料设备采购总流程见图 2.3-2。

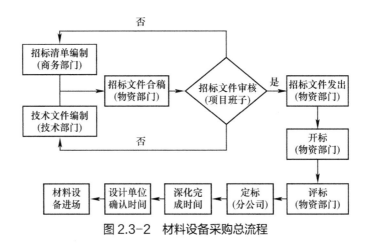

图 2.3-2 材料设备采购总流程

2.3.4 材料设备采购清单

采购物资、设备分 A、B、C 类。A 类是加工周期较长（生产周期 30d 以上体育场常用特有材料），对工期影响较大的材料、设备；B 类为采购选择面少的材料、设备；C 类为常规材料、设备，见表 2.3-2、表 2.3-3。

体育场常用特有材料　　　　表 2.3-2

序号	施工阶段	材料类别	材料名称	分类	加工周期（d）	备注
1	土建阶段	钢筋	HRB600 高强钢筋	A	45	—
2		钢结构	弹簧隔振器	A	60	—
3			索结构材料	A	90	—
4			膜结构材料	A	60	—
5			屈曲约束支撑	A	60	—
6			铸钢件	A	90	—
7			阻尼器	A	60	—
8		砌体	ALC 板材墙体（A5.0B07）	B	60	—
9		金属屋面	阳光板	A	60	—
10			复合铝板	A	90	—
11	安装阶段	电梯	电梯	A	90	—
12		通风与空调	多联空调机组	A	60	—
13			带热回收式新风机组	A	60	—
14			落地组合式空调机组	A	60	—
15		建筑电气	光伏板	A	60	—
16	体育工艺	赛事场地	运动木地板	A	120	—
17			可拆卸移动地板	A	120	—

续表

序号	施工阶段	材料类别	材料名称	分类	加工周期（d）	备注
18	体育工艺	赛事场地	瓷砖	A	120	—
19			草皮	A	—	—
20			跑道	A	—	—
21		赛事照明	金卤灯	A	60	—
22			卤钨灯	A	60	—

注：采购时明确材料是否指定品牌。

体育场常用进口装饰材料 表 2.3-3

序号	材料类别	材料名称	分类	加工周期（d）	备注
1	地面材料	大理石	A	90	—
2		地毯	A	90	—
3		运动木地板	A	120	—

2.3.5 材料设备采购流程

1. 常规材料、设备采购

目的：为进一步规范物资管理运行机制，实现物资全过程管理的标准化、制度化、做好资源保障供应，合理降低材料成本，增加经济效益。

管理原则：物资管理坚持"集中采购、分级管理、公开公正、择优选择、强化管控、各负其责"的原则。

2. 进口材料、设备采购

与常规材料和设备采购流程相同，进口材料和设备的采购受到外商交货周期（一般为3~6个月）影响，供货周期较长。

3. 定制材料、设备采购

定制材料、设备多为发包方指定类或垄断类材料、设备。此类材料和设备的采购根据项目进度由二级单位的合约商务部、采购管理部牵头组织，成立谈判小组。按要求确定竞争性谈判时间，必须保证在签订合同后方可进场实施。

2.4 施 工 组 织

2.4.1 施工组织流程

柔性 / 刚柔性罩棚 + 现浇看台板施工组织穿插见图 2.4-1。

刚性罩棚 + 现浇看台板施工组织穿插见图 2.4-2。

柔性 / 刚柔性罩棚 + 预制看台板施工组织穿插见图 2.4-3。

刚性罩棚 + 预制看台板施工组织穿插见图 2.4-4。

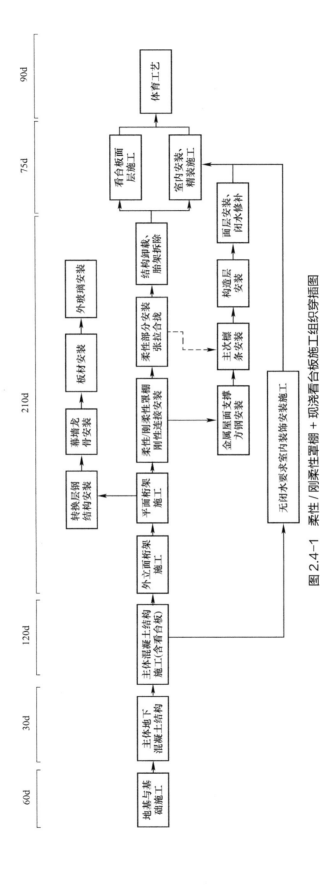

图 2.4-1 柔性 / 刚柔性罩棚 + 现浇看台板施工组织穿插图

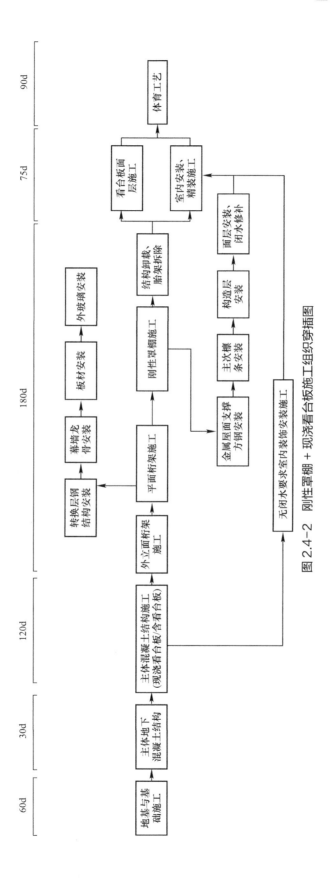

图 2.4-2 刚性罩棚＋现浇看台板施工组织穿插图

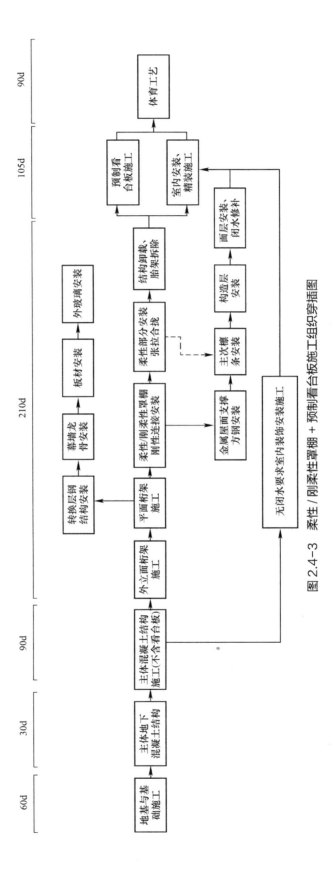

图 2.4-3　柔性 / 刚柔性罩棚 + 预制看台板施工组织穿插图

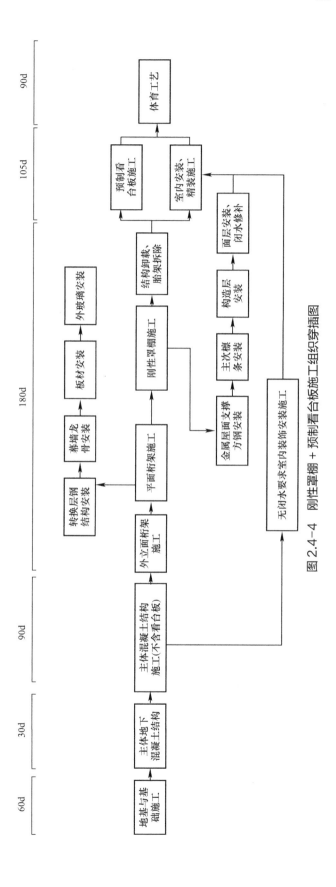

图 2.4-4　刚性罩棚 + 预制看台板施工组织穿插图

2.4.2　施工进度控制

施工进度控制见图 2.4-5。

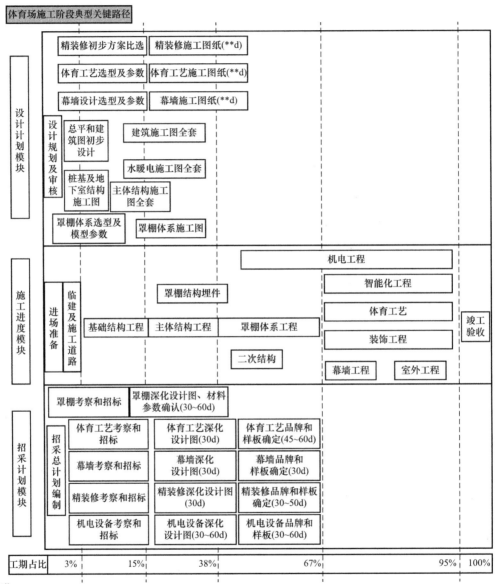

说明:

1.本关键线路主要以施工进度计划为主线,设计和招采计划为辅,工期占比刻度线前面为紧前工作,刻度线后面为紧后工作。设计和招采计划界面刻度线的前置紧前工作均应为施工进度计划服务。

2.工期占比主要以实际施工时间(不包括招采板块中深化设计和品牌样板确认等占用时间),主要通过工程经验得出。

3.在施工进度板块中,基础工程、主体结构和罩棚体系工程工期占比约56%,是后续工序开展的前置必要条件。其中特别需要重点关注的是主体结构和罩棚体系工程的合理安排和穿插。

4.招采计划板块应提前策划,与设计计划相结合,在罩棚、精装修、体育工艺和幕墙等设计选型和参数确定阶段提前介入参与,避免深化设计和材料采购的矛盾和变更,达到施工图与深化图合二为一的理想目标,减少深化设计时间。

5.体育工艺、幕墙、精装修和机电设备等品牌和样板比选确定,直接影响采购加工和施工安装周期等因素,也是关键控制要点之一。

图2.4-5　施工进度控制图

2.5　协　同　组　织

2.5.1　高效建造管理流程

1. 快速决策事项识别

项目管理快速决策是项目高效建造的基本保障，为了实现高效建造，梳理影响项目建设的重大事项，对重大事项的确定，根据项目的重要性实现快速决策，优化企业内部管理流程，降低过程时间成本。快速决策事项识别见表2.5-1。

快速决策事项识别 表2.5-1

序号	管理决策事项	公司	分公司	项目部
1	项目班子组建	√	√	—
2	项目管理策划	√	√	√
3	总平面布置	√	√	√
4	重大分包商（队伍、钢结构、幕墙、体育工艺、精装修等）	√	√	√
5	重大方案的落地	√	√	√
6	重大招采项目（进口索、重大设备等）	√	√	√

注：相关决策事项需符合三重一大相关规定。

2. 高效建造决策流程

根据项目的建设背景和工期管理目标，企业管理流程适当调整，给予项目一定的决策汇报请示权，优化项目重大事项决策流程，缩短企业内部多层级流程审批时间。高效建造决策管理要求见表2.5-2。

高效建造决策管理要求 表2.5-2

序号	项目类别	管理要求	备注
1	特大项目	1）特大型（6万座以上）体育场； 2）设立公司级指挥部，由二级单位（公司）领导班子担任指挥长，公司各部门领导、分公司总经理为指挥部成员；项目部经过班子讨论形成意见书，报送项目指挥部请示； 3）请示通过后，按照常规项目完善标准化各项流程； 4）为某项特定赛事准备，属于政治任务，社会影响大； 5）根据统计，合同工期少于同等规模体育场工期	项目意见书
2	重大项目	1）大型（4万～6万座）、中型（2万～4万座）体育场； 2）设立分公司级指挥部，由三级单位领导班子担任指挥长，形成快速决策； 3）地区级别体育场，当地影响力较大	—
3	一般项目	1）小型（2万座以下）体育场； 2）不设立指挥部，项目管理流程按照常规项目管理	—

（1）特大项目：决策流程到公司领导班子，总经理牵头决策。特大项目决策流程见图 2.5-1。

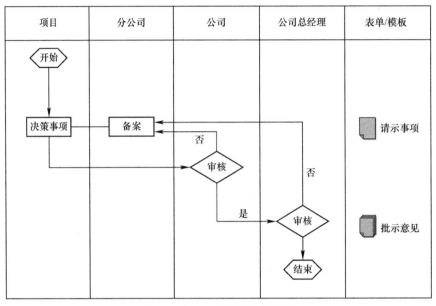

图 2.5-1　特大项目决策流程

（2）重大项目：决策流程到分公司领导班子，分公司牵头决策。重大项目决策流程见图 2.5-2。

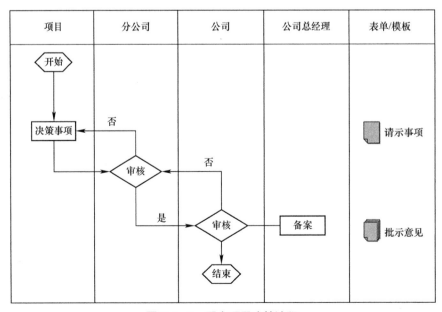

图 2.5-2　重大项目决策流程

（3）一般项目：按照常规项目管理。

2.5.2　设计与施工组织协同

1. 建立设计管理例会制度

每周在设计单位至少召开一次设计例会，发包人、勘察、设计、总包、监理等参加，主要协调解决前期出图问题；设计图纸完成后，每周在工地现场召开一次设计例会，各参建方派代表参加，解决施工过程中的设计问题；预先将需解决的问题发至设计单位，以便其安排相关设计工程师参会。

2. 建立畅通的信息沟通机制

建立设计管理交流群，设计与现场工作相互协调；设计应及时了解现场进度情况，为现场施工创造便利条件；现场应加强与设计的沟通与联系，及时反馈施工信息，快速推进工程建设。

3. BIM 协同设计及技术联动应用制度

为最大限度地解决好设计碰撞问题，总包单位前期组织建立 BIM 技术应用工作团队入驻设计单位办公，统一按设计单位的相关要求进行模型创建，发挥 BIM 技术的作用，提前发现有关设计碰撞问题，提交设计人员及时进行纠正。

施工过程中采用"总承包单位以 BIM 平台为基础，牵头协调各专业分包单位 BIM 应用"的 BIM 协同模式，需覆盖土建、机电、钢结构、幕墙及精装等所有专业。

4. 重大事项协商制度

为控制好投资，做好限额设计与管理各项工作，各方应建立重大事项协商制度，及时对涉及重大造价增减的事项进行沟通、协商，对预算费用进行比较，确定最优方案，在保证投资总额的前提下，确保工程建设品质。

5. 顾问专家咨询制度

建立重大技术问题专家咨询会诊制度，对工程中的重难点进行专项研究，制定切实可行的实施方案；并对涉及结构与作业安全的重大方案实行专家论证，先谋后施，不冒进，不盲目施工，在确保质量安全的前提下狠抓工程进度。

2.5.3　设计与采购组织协同

1. 设计与采购的沟通机制
设计与采购的沟通机制见表 2.5-3。
2. 设计与采购协同流程
设计与采购协同流程见图 2.5-3。

设计与采购的沟通机制 表2.5-3

序号	项目	沟通内容
1	材料、设备的采购控制	通过现场的施工情况，物资采购部对工程中规格各异的材料，提前调查市场情况，当市场上的材料不能满足设计及现场施工的要求时，与生产厂家联系，提出备选方案，同时与设计反馈实际情况，进行调整。确保设计及现场施工的顺利进行
2	材料、设备的报批和确认	对工程材料设备实行报批确认的办法，其程序为： 1）施工单位事先编制工程材料设备确认的报批文件，文件内容包括：制造（供应商）的名称、产品名称、型号规格、数量、主要技术数据、参照的技术说明、有关的施工详图、使用在本工程的特定位置以及主要的性能特性等； 2）设计在收到报批文件后，提出预审意见，报发包方确认； 3）报批手续完毕后，发包方、施工、设计和监理各执一份，作为今后进场工程材料设备质量检验的依据
3	材料样品的报批和确认	按照工程材料设备报批和确认的程序实施材料样品的报批和确认。材料样品报发包方、监理、设计院确认后，实施样品留样制度，将样品注明后封存于样品留置室，为后期复核材料质量提供依据

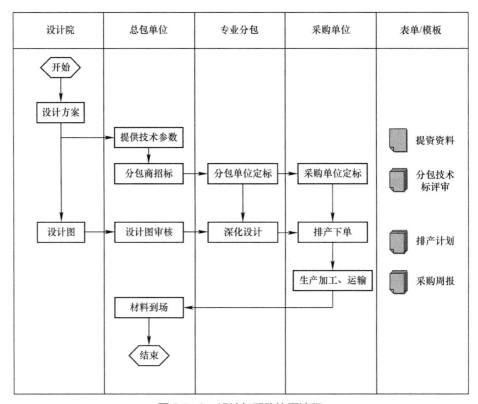

图2.5-3 设计与采购协同流程

3. 设计与采购选型协调

（1）电气专业采购选型与设计协调内容见表2.5-4。

电气专业采购选型与设计协调内容　　　　　　表2.5-4

序号	校核项	专业沟通
1	负荷校核（包括电压降）	1）根据电气系统图与平面图列出图示所有回路的如下参数：配电箱/柜编号、回路编号、电缆/母线规格、回路负载功率/电压； 2）向电缆/电线/母线供商收集电缆的载流量、每公里电压降、选取温度与排列修正系数； 3）对于多级配电把所有至末端的回路全部进行计算，得到最不利的一条回路核对电压降是否符合要求，如果电压降过大，采用增大电缆规格来减少电压降
2	桥架规格	1）根据负荷计算出所有电缆规格，对应列出电缆外径； 2）每条桥架内的电缆截面积进行求和计算，计算出桥架的填充率（电力电缆不大于40%。控制电缆不大于50%），同时要根据实际情况进行调整； 3）线槽内填充率：电力电缆不大于20%
3	配电箱/柜断路器校核	1）断路器的复核：利用负荷计算表的数据，核对每个回路的计算电流，是否在该回路断路器的安全值范围内； 2）变压器容量的复核：在所有回路负荷计算完成后，进行变压器容量的复核； 3）配电箱、柜尺寸优化（合理优化元器件排布、配电箱进出线方式等）
4	照明回路校核	1）根据电气系统图与平面图列出图示所有回路的如下参数：配电箱/柜编号、回路编号、电缆/母线规格、回路负载功率/电压； 2）根据《民用建筑电气设计标准》GB 51348中用电负荷选取需要系数，按相关计算公式计算出电压降及安全载流量是否符合要求
5	电缆优化	1）根据电气系统图列出所有回路的参数：如电缆/母线规格等； 2）向电缆/母线供应商收集载流量、选取温度与排列修正系数； 3）电缆连接负载的载荷复核； 4）根据管线综合排布图进行电缆敷设路由的优化
6	灯具照度优化	应用BIM技术对多种照明方案进行比对后，重新排布线槽灯的布局，选择合理的排布方式，确定最优照明方案，确保照明功率以及照度、外观满足使用要求，符合绿色建筑标准

（2）给水排水专业采购选型与设计协调内容见表2.5-5。

给水排水专业采购选型与设计协调内容　　　　　　表2.5-5

序号	校核参数	专业沟通
1	生活给水泵扬程	1）根据轴测图选择最不利配水点，确定计算管路，若在轴测图中难判定最不利配水点，则同时选择几条计算管路，分别计算各管路所需压力，其最大值方为建筑内给水系统所需压力； 2）根据建筑的性质选用设计秒流量公式，计算各管段的设计秒流量值； 3）进行给水管网水力计算，在确定各计算管段的管径后，对采用下行上给式布置的给水系统，计算水表和计算管路的水头损失，求出给水系统所需压力。给水管网水头损失的计算包括沿程水头损失和局部水头损失两部分
2	排水流量和管径校核	1）轴测图的绘制：根据系统流程图、平面图上水泵管道系统的走向和原理大致确定最不利环路，并根据Z轴45°方向长度减半的原则绘制出管道系统的轴测图； 2）根据建筑的性质选用设计秒流量公式，计算各管段的设计秒流量值； 3）计算排水管网起端的管段时，因连接的卫生器具较少，计算结果有时会大于该管段上所有卫生器具排水流量总和，这时应按该管段所有卫生器具排水流量的累加值作为排水设计秒流量

续表

序号	校核参数	专业沟通
3	雨水量计算	1）暴雨强度计算应确定设计重现期和屋面集水时间两个参数。本项目设计重现期取 5 年，屋面集水时间按 10min 计算； 2）汇水面积一般按"m²"计，对于有一定坡度的屋面，汇水面积不按实际面积而是按水平投影面积计算，窗井、贴近高层建筑外墙的地下汽车库出入口坡道，应附加其高出部分侧墙面积的二分之一，同一汇水区内高出的侧墙多于一面时，按有效受水侧墙面积的 1/2 折算汇水面积； 3）雨水斗泄流量需确定参数：雨水斗进水口的流量系数、雨水斗进水口直径、雨水斗进水口前水深
4	热水配水管网计算	1）热水配水管网的设计秒流量可按生活给水（冷水）设计秒流量公式进行计算； 2）卫生器具热水给水额定流量、当量、支管管径和最低工作压力同给水规定
5	消火栓水力计算	1）消火栓给水管道中的流速一般以 1.4~1.8m/s 为宜，不允许大于 2.5m/s； 2）消防管道沿程水头损失的计算方法与给水管网计算相同，局部水头损失按管道沿程水头损失的 10% 计算
6	水泵减振设计计算	1）当水泵确定后，设计减振系统形式采用惯性块＋减振弹簧组合方式； 2）减振系统的弹簧数量采用 4 个或 6 个为宜，但实际应用中每个受力点的受力并不相等，应根据受力平衡和力矩平衡的原理计算每个弹簧的受力值，并根据此数值选定合适的弹簧及计算出弹簧的压缩量，以尽量保证减振系统中的水泵在正常运行时是水平姿态
7	虹吸雨水深化	1）对雨水斗口径进行选型设计，对管道的管径进行选型设计； 2）雨水斗选型后，对系统图进行深化调整，管材性质按原图纸不变

（3）暖通专业采购选型与设计协调内容见表 2.5-6。

暖通专业采购选型与设计协调内容 表 2.5-6

序号	校核参数	校核过程
1	空调循环水泵的扬程	1）轴测图的绘制：根据系统流程图、平面图上水泵管道系统的走向和原理大致确定最不利环路，并根据 Z 轴 45° 方向长度减半的原则绘制出管道系统的轴测图； 2）编号和标注：有流量变化的点必须编号，有管径变化或有分支的点必须编号，设备进出口有独立编号。编号的目的是为计算时便于统计相同管径或流量的段内管道长度、配件类别和数量，并便于使用统一的计算公式
2	空调机组／送风机／排风机外余压校核	1）计算表须表示或者包含了以下内容： ① 管段编号； ② 管段内详细的管线、管配件、阀配件的情况（型号及数量）； ③ 实际管段的流速； ④ 根据雷诺数计算直管段阻力系数 λ 或查表确定 λ，计算出比摩阻； ⑤ 计算直管段摩擦阻力值（沿程阻力）； ⑥ 查表确定管配件或阀件、设备的局部阻力系数或当量长度； ⑦ 汇总管段内的阻力。 2）计算中可能涉及一些串接在系统中的设备的阻力取值，例如消声器、活性炭过滤器等、须按照实际选定厂家给定的值确定

续表

序号	校核参数	校核过程
3	空调循环水泵的减振设计校核	1）当空调循环水泵确定后，需要设计减振系统，减振系统形式采用惯性块＋减振弹簧组合方式；惯性块的质量取水泵质量的 1.5～2.5 倍，推荐为 2 倍，惯性块采用槽钢或 6mm 以上钢板外框＋内部配筋，然后混凝土浇筑，预埋水泵固定螺杆或者预留地脚螺栓安装孔，密度按 $2000\sim2300kg/m^3$ 计算； 2）当系统工作压力较大时，需要计算软接头处因内部压强引起的一对大小相等方向相反的力对减振系统的影响； 3）端吸泵的进出口需要从形式设计上采取措施，使得进出口软接头位于立管上，这样系统内对软接头两侧管配件的推力会传递到减振惯性块上（下部）及上部传递到弯头或母管上； 4）减振系统的弹簧数量采用 4 个或 6 个为宜，但实际使用中每个受力点的受力并不相等，根据受力平衡和力矩平衡的原理计算每个弹簧的受力值，并根据此数值选定合适的弹簧及计算出弹簧的压缩量，以尽量保证减振系统中的水泵在正常运行时是水平姿态
4	锅炉烟囱的抽力校核	1）根据实际选定锅炉设备的额定蒸发量／制热量、当地的燃气热值确定锅炉的烟气量，并由锅炉厂家给定烟气的排烟温度； 2）对于蒸汽锅炉，当需要安装烟气热回收装置时，按设计的温度计算，一般按照排烟温度 150～160℃ 考虑； 3）当有多台锅炉合用烟道时，按最不利的设备考虑烟气抽力和排烟阻力之间的关系
5	风管系统的消声器校核	1）对于噪声敏感区域，如办公室、商铺、公共走道等区域需要考虑消声降噪措施，其中一个主要控制措施为区域内的风口噪声，在风道风速已控制在合理范围的情况下，风口噪声主要为设备噪声的传递，为降低设备噪声对功能房内的影响，需要按设计要求选择合适的消声器； 2）根据设备噪声数据，结合管线具体走向、流速、弯头三通情况、房间内风口分布情况等计算出消声器需要具备的各频率下的插入损失值，并结合厂家的型号数据库选出消声器型号
6	室外冷却塔消声房的设计校核	1）冷却塔散热风扇需要具有 50Pa 的余量，这样即使冷却塔进排风回路附加了 50Pa 消声器阻力值，也不影响冷却塔的散热能力； 2）根据冷却塔噪声数据，计算冷却塔安装区域到最近的敏感区域的影响，并计算出当达到国家规定的环境噪声标准时需要设置的消声器的消声量，然后据此选出厂家对应型号； 3）为保证气流经消声器的阻力不大于 50Pa，控制进风气流速度不大于 2m/s。一般，冷却塔设置在槽钢平台上，以使拼接后的冷却塔为一整体。槽钢平台下设置大压缩量弹簧，建议压缩量为 75～100mm 范围的弹簧以提高隔振效率。弹簧为水平和垂直方向限位弹簧并有橡胶阻尼，防止冷却塔在大风、地震等恶劣天气下出现倾倒
7	防排烟系统风机压头计算	1）当一台排烟风机负责两个及以上防火分区时，风机风量是按最大分区面积 $\times60m^3/（h\cdot m^2）\times2$ 确定的，但每个防烟分区内排烟量仍然是面积 $\times60m^3/（h\cdot m^2）$；计算时选定了两个最不利防火分区并假定两分区按设计状态运行，此时两分区排烟量值一般是不大于排烟风机设计风量，但在两分区汇总后的排烟总管，须按照排烟风机的设计风量进行计算； 2）楼梯加压及前室加压计算，需根据消防时开启的门的数量，保证风速计算，用门缝漏风量计算方法检验，取两者大值
8	空调冷热水管的保温计算	1）厂家、材质、密度等不同的保温材料导热系数各异，如选用厂家资料与设计条件有偏离，需要进行保温厚度计算； 2）空调冷冻水一般采用防结露法计算，高温热水管道一般采用防烫伤法计算
9	空调机组水系统电动调节阀 CV 值计算及选型	当空调机组选定后，空调机组水盘管在额定流量下的阻力值由设备厂家提供，依据此压降数值，按照电动调节阀压降不小于盘管压降的一半确定阀门压降，流量按盘管额定流量计算出阀门流通能力，并根据这些数据，查厂家阀门性能表确定具体型号

（4）智能化专业采购选型与设计协调内容见表2.5-7。

智能化专业采购选型与设计协调内容　　　　　　表2.5-7

序号	校核参数	校核过程
1	桥架规格	1）把每条桥架内的电缆截面积进行求和计算，计算出桥架的填充率（控制电缆不大于50%），但也要根据实际情况进行调整； 2）线槽内填充率：控制电缆不大于40%
2	DDC控制箱校核	1）DDC控制箱元器件的复核：利用建筑设备监控系统点位表，核对每个DDC箱体内模块数量，以及相应的AI、AO、DI、DO点个数，校核所配备的接线端子数量，并考虑一定预留量； 2）DDC控制箱尺寸优化（合理优化元器件排布、DDC模块滑轨位置、DDC控制箱进出线方式等）
3	交换机规格校核	根据核心交换机所接入的接入交换机个数、交换容量、包转发率等参数信息，并考虑一定冗余，确定核心交换机的背板带宽、交换容量、包转发率等参数
4	视频监控存储优化	1）根据视频监控系统的存储要求，以及视频存储码流、存储时间等参数，计算出实际存储总容量； 2）考虑视频监控存储方式、热盘备份、存储空间预留等因素，确定合适的存储硬盘数量以及合理的视频存储方案
5	智能化设备强电配电功率优化	1）根据UPS末端设备确定UPS实际容量，并考虑一定电量预留，确定强电配电功率； 2）根据LED大屏的屏体面积以及每平方米的平均功耗等参数，确定LED大屏的平均用电功率，考虑到屏体开机时的峰值功率约为平均功率的2倍，重新确定强电配电功率
6	与机电专业配合	智能化专业设计阶段应与电气、给水排水、电梯、暖通、消防等专业进行协调沟通： 1）信息插座附近需配置强电插座，便于后期使用； 2）楼控系统点表与机电专业设备接口吻合； 3）弱电井、弱电间、机房等接地设置齐全

2.5.4　采购与施工组织协同

1. 材料设备供应管理总体思路

为满足建造工期实际需要，现场短期内采购及安装的设备材料种类及数量集中度高，且多为国内外知名品牌设备材料。同时受限于出图时间紧、工期节点紧等客观因素，大量的设备材料采购、供应、储存、周转工作难度大。因此，设备、材料的供应工作是项目综合管理的重要环节，是确保工程顺利施工的关键。

2. 采购与施工管理组织

设备、材料供应管理人员组织机构见图2.5-4。

3. 采购部门人员配备

（1）工程设备、材料涉及专业多、专业性强、供应量大、协调工作量大，为加大项目物资供应管理工作力度，除配置负责物资采购工作的负责人、材料设备采购人员、计划统计人员、质量检测人员以及物资保管人员以外，还针对发包方、其他分包商设备材料供应

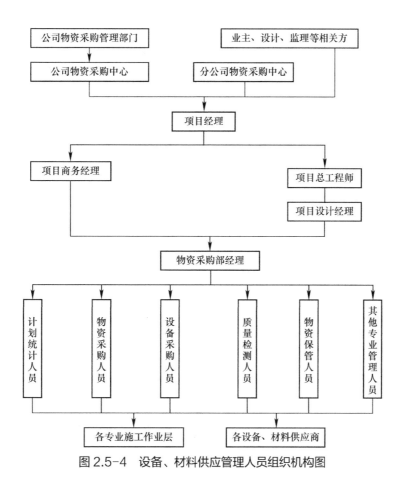

图 2.5-4 设备、材料供应管理人员组织机构图

配备的相关协调负责人、协调管理人员，实行专人专职管理，全面做好本工程设备材料供应工作。

（2）供应管理主要人员职责见表 2.5-8。

供应管理主要人员职责 表 2.5-8

序号	名称	主要职责
1	物资采购部门负责人	1）严格执行招标投标制，确保物资采购成本，严把材料设备质量关； 2）负责集采以外物资的招标采购工作； 3）定期组织检查现场材料的使用、堆放，杜绝浪费和丢失现象； 4）督促各专业技术人员及时提供材料计划，并及时反馈材料市场的供应情况、督促材料到货时间，向设计负责人推荐新材料，报设计、发包方批准材料代用； 5）负责材料设备的节超分析、采购成本的盘点
2	设备材料采购人员	1）按照设备、材料采购计划，合理安排采购进度； 2）参与大宗物资采购的招议标工作，收集分供方资料和信息，做好分供方资料报批的准备工作； 3）负责材料设备的催货和提运； 4）负责施工现场材料堆放和物资储运、协调管理

序号	名称	主要职责
3	计划统计人员	1）根据专业工程师的材料计划，编制物资需用计划、采购计划，并满足工程进度需要； 2）负责物资签订技术文件的分类保管，立卷存查
4	物资保管人员	1）按规定建立物资台账，负责进货物资的验证和保管工作； 2）负责进货物资的标识； 3）负责进场物资各种资料的收集保管； 4）负责进退场物资的装卸运
5	质量检测人员	1）负责按规定对本项目材料设备的质量进行检验，不受其他因素干扰，独立对产品做好放行或质量否决，并对其决定负直接责任； 2）负责产品质量证明资料评审，填写进货物资评审报告，出具检验委托单，签章认可，方可投入使用； 3）负责防护用品的定期检验、鉴定，对不合格品及时报废、更新，确保使用安全

4. 材料设备采购协同管理

材料设备采购协同管理流程参见图 2.3-2。

5. 材料设备采购管理制度

材料设备采购管理制度见表 2.5-9。

材料设备采购管理主要制度　　　　　　　　　　　表 2.5-9

序号	管理项目	主要管理制度
1	采购计划	按照施工总进度计划编制设备材料到场计划，项目经理部应及时进行物资供货进度控制总结，包括设备材料合同到货日期、供应进度控制中存在的问题及分析、施工进度控制的改进意见等
2	采购合同	供应合同的签订是一种经济责任，必须由供应部统一负责对外签订，其他单位（部门）不得对外签订合同，否则财务部拒绝付款
3	进货到场	签订合同的设备、材料由供应部门根据仓存和工程使用量情况实行分批进货。常用零星物资要根据需求部门的需求量和仓储情况进行分散进货，做到物资合理库存，数量品种充足、齐全
4	进场验收	设备、材料进场实行质检人员、物资保管人员、物资采购人员联合作业，对物资质量、数量进行严格检查，做到货板相符，把好设备材料进场质量关
5	采购原则	采购业务工作人员要严格履行自己的职责，在订货、采购工作中实行"货比三家"的原则，询价后报审核准供应商，不得私自订购和盲目进货。在重质量、遵合同、守信用、售后服务好的前提下，选购物资，做到质优价廉。同时要实行首问负责制，不得无故积压或拖延办理有关商务、账务工作
6	职业技能学习提高	为掌握瞬息万变的市场经济商品信息，如价格行情等，采购人员必须经常自觉学习业务知识，提高采购工作的能力，以保证及时、保质、保量地做好物资供应工作
7	职业道德	物资采购工作必须始终贯彻执行有关政策法令，严格遵守公司的各项规章制度，做到有令即行，有禁即止。全体物资采购人员必须牢固树立起发包主人翁思想，尽职尽责，在采购工作中做到廉洁自律、秉公办事、不谋私利

6. 材料设备采购管理

（1）材料设备需用计划

针对工程所使用的材料设备，各专业工程师需进行审图核查、交底，明确设备材料供应范围、种类、规格、型号、数量、供货日期、特殊技术要求等。物资采购部门按照供应方式不同，对所需要的物资进行归类，计划统计员根据各专业的需用计划进行汇总平衡，结合施工使用、库存等情况统筹策划。

设备材料需用计划作为制定采购计划和向供应商订货的依据，应注明产品的名称、规格型号、单位、数量、主要技术要求（含质量）、进场日期、提交样品时间等。对物资的包装、运输等方面有特殊要求时，应在设备材料需用计划中注明。

（2）采购计划的编制

物资采购部门应根据本工程材料设备需用计划，编制材料设备采购计划报项目商务经理审核。物资采购计划中应有采购方式的确定、采购人员、候选供应商名单和采购时间等。物资采购计划中，应根据物资采购的技术复杂程度、市场竞争情况、采购金额以及数量大小确定采购方式：招标采购、邀请报价采购和零星采购。

（3）供应商的资料收集

按照材料设备的不同类别，分别进行设备、材料供应商资料的收集以备候选。候选供应商的主要来源如下：

1）从发包方给定品牌范围内选其二，采购部门通过收集、整理、补充合格供方的最新资料，将供应商补充纳入公司《合格供应商名录》，供项目采购选择；

2）从公司《合格供应商名录》中选择，并优先考虑能提供安全、环保产品的供应商；

3）其他供应商（只有当《合格供应商名录》中的供应商不能满足工程要求时，才能从名录之外挑选其他候选者）。

（4）供应商资格预审

招标采购供应商和邀请报价采购供应商均应优先在公司合格供应商名录中选择。如果参与投标的供应商或拟邀请的供应商不在公司合格供应商名录中，则应由项目物资采购部门负责进行供应商资格预审。供应商资格预审要求见表2.5-10。

供应商资格预审要求　　　　　　　　　表2.5-10

序号	项目	具体要求
1	资格预审表填写	物资供应部门负责向供应商发放供应商资格预审表，并核查供应商填写的供应商资格预审表及提供相关资料，确认供应商是否具备符合要求资质能力
2	供应商提供资格相关资料核查	核查供应商提供的相关资格资料应包括：供货单位的法人营业执照、经营范围、任何关于专营权和特许权的批准、经济实力、履约信用及信誉履约能力

续表

序号	项目	具体要求
3	经销商的资格预审	对经销商进行资格预审时，经销商除按照资格预审表要求提供自身有关资料外，还应提供生产厂商的相关资料
4	其他要求	合格供应商名单内或本年度已进行过一次采购的供应商，不必再进行资格预审，但当供应商提供材料设备种类发生变化时，则要求供应商补充相关资料

供应商经资格预审合格后由物资采购部门汇总成"合格供应商选择表"，并根据对供应商提供产品及供应商能力的综合评价结果选择供应商。综合评价的内容根据供应商提供的产品对工程的重要程度不同而有所区别，具体规定见表 2.5-11。

供应商综合评价表　　　　　　　　　　表 2.5-11

供应商类型	评价内容				
	考察	样品/样本报批	产品性能比较	供应商能力评价	采购价格评比
主要/重要设备	●▲	●▲	●▲	●▲	●▲
一般设备	△	○△	●▲	●▲	●▲
主要/重要材料	●▲	●▲	●▲	●▲	●▲
一般材料	○	○△	●▲	●▲	●▲
零星材料	○	△	●▲	△	●▲

注：●—必须进行的评价，○—根据合同约定和需要选用；

　　▲—必须保留的记录，△—该项评价进行时应保留的记录。

（5）考察

必要时，项目部在评价前对入选厂家进行现场实地考察。考察由物资采购负责人牵头组织，会同发包方、监理及相关部门有关人员参加。

考察的内容包括：生产能力、产品品质和性能、原料来源、机械装备、管理状况、供货能力、售后服务能力、运输情况以及对供应厂家提供保险、保函能力进行必要的调查等。

考察后，组织者将考察内容和结论写入"供应商考察报告"，作为供应商进行能力评价的依据。

（6）报批审查

根据合同约定、发包方要求以及工程实际等情况，对于需要进行样品/样本审批的设备、材料，项目质量管理部应提前确定需求，并向项目采购人员提交样品/样本报批计划，明确需要报批物资的名称、规格、数量、报批时间等要求。

设备、材料采购人员负责样品/样本搜集与询价。收到样品/样本后，采购人员应填写样品/样本送审表并随样品/样本一起提交发包方、监理和设计办理审批。

（7）综合评价及供应商的确定

通过对资格预审情况、考察结果、样品/样本报批结果、价格与工程要求的比较，对供应商做出以下方面的评价：

1）供应商和厂家的资质是否符合规定要求；

2）产品的功能、质量、安全、环保等方面是否符合要求；

3）价格是否合理（必要时应附成本分析）；

4）生产能力能否保证工期要求；

5）供应商提供担保的能力是否满足需要。

根据上述评价结果选出"质优价廉"者作为最终中标供应商。供应商的确定，由设备材料采购部门提出一致意见，报项目经理批准，提交发包方、监理等相关单位审查批准。

（8）签订采购合同

物资采购部门负责人在与供应商商谈采购合同（订单）时，应与供应商就采购信息充分沟通，并在采购合同（订单）中注明采购物资的名称、规格型号、单位和数量、进场日期、技术标准、交付方式以及质量、安全和环保等方面的内容，规定验收方式以及发生问题时双方所承担的责任、仲裁方式等。

物资采购部门负责人负责组织合同拟定和会签工作。采购合同必须在公司商务管理部（物资管理部）提供的标准合同文本基础上，结合本工程进度、资金的实际情况进行编制。

在签订合同前应主动征求有关部门和专业技术人员的意见，确保采购物资符合质量要求；同时要对购货合同进行登记，便于办理提货及付款手续。根据设备材料供应的计划，寻找供应商签订大宗设备材料的供货合同，以保证大宗物资供应的稳定可靠性。

采购合同需物资采购、技术质量、设计管理、工程、安全、商务部、财务负责人会签。项目经理予以批准，并按照联签细则进行签署。

采购合同签订后，物资采购部门应将采购合同正本、采购合同审批会签单交商务合约部门保存，将采购合同副本（或复印件）发至项目部并对项目部进行采购合同交底。此外，物资采购部门应保存一份采购合同副本。

（9）供应商生产过程中的协调、监督

为了保证本工程各种设备材料及时、保质、保量供应到位，宜派出材料设备监造人员，对部分重要设备材料的生产或供应过程进行定期的跟踪协调和驻场监造。

（10）合理组织材料设备进场

体育场工期紧，室外场地紧张，为避免相应施工进度的设备、材料延期或提前进场，导致现场场地空间布置混乱。需提前对材料堆放场地合理布置，根据施工总体进度要求，合理安排设备材料分批进场，同时优先安排重点设备材料进场，并及时就位安装施工。

高效建造技术

3.1 设计技术选型

3.1.1 主要建筑技术选型

1. 金属屋面体系

体育类项目金属屋面做法见表 3.1-1。

体育类项目金属屋面做法参考　　　　　　　　表 3.1-1

序号	项目名称	金属屋面做法（由上至下）	支撑结构体系
1	广西体育中心主体育场	1）0.9mmPVDF 铝镁锰合金板（400/65）； 2）100mm 玻璃纤维棉上衬铝箔（12kg/m³）； 3）几字形檩条； 4）0.5mm 瓦楞彩钢底板（HV-820）	空间管桁架结构
2	黄石奥体中心体育场	1）0.9mm 厚直立锁边铝镁锰板（65/400PVDF 涂层）； 2）0.5mm 厚防水透气膜； 3）50mm 厚无碱超细玻璃丝棉板； 4）不锈钢丝网； 5）次檩条/主檩条； 6）0.6mm 厚穿孔镀铝锌压型钢板（穿孔率>25%）； 7）钢结构桁架	钢罩棚采用树状支撑+立体管桁架结构
3	西安奥体中心主体育场	1）1.0mm 厚银白色直立锁边铝镁锰板（65/300 PVDF 氟碳预滚涂预弯弧）； 2）1.5mm 厚 TPO 柔性防水材料； 3）50mm 厚岩棉，密度160kg/m³； 4）0.6mm 厚 25-200-820 预弯弧镀铝锌压型钢底板； 5）次檩条：规格及表面处理需专业单位深化设计吸声棉固定钢丝网； 6）50mm 厚玻璃棉，密度 30kg/m³；	钢桁架结构

续表

序号	项目名称	金属屋面做法（由上至下）	支撑结构体系
3	西安奥体中心主体育场	7）憎水玻璃丝布； 8）0.6mm 厚 35-200-1000 穿孔镀铝锌压型钢底板； 9）主檩条：矩形钢管，沿屋面弯弧，规格及表面处理； 10）需专业单位深化设计——钢结构桁架	钢桁架结构
4	郑州奥体中心体育场	1）3mm 厚氟碳喷涂铝单板； 2）50mm×3mm 铝合金方管龙骨； 3）0.9mm 厚 65mm 肋高氟碳辊涂铝镁锰合金直立锁边屋面板； 4）1.2mm 厚 PVC 防水卷材； 5）0.6mm 厚镀锌钢板； 6）0.6mm 厚镀铝锌压型钢板； 7）50mm 厚玻璃纤维吸音棉，压缩至 50mm 厚，密度 32kg/m³，上铺 0.3PE 隔汽膜； 8）白色玻璃丝无纺布； 9）屋面次檩条（薄壁 C 型钢 C200×70×20×3）； 10）0.6mm 厚 YX35-200-1000 镀铝锌穿孔压型钢底板（穿孔率 15%，孔径 5mm）外露表面氟碳喷涂	三角形矩形桁架＋立面桁架＋网架＋大开口车辐式索承网格结构

2. 金属屋面设计原则

金属屋面体系全干式施工，是体育场高效建造优先采用的屋面体系，金属屋面设计应遵循以下原则：

（1）根据结构选型进行屋面材料选型；

（2）根据当地气候条件进行屋面材料选型；

（3）根据排水设计特点进行节点设计；

（4）根据建筑功能要求、建筑等级进行屋面材料（构造层次）选型。

3. 金属屋面常见问题与设计对策

各类金属屋面板材料对比见表 3.1-2。

各类金属屋面板材料对比 表 3.1-2

序号	项次	铝镁锰板	钛锌板	钢板
1	材质	材质为铝镁锰的合金，一般屋面墙面用板为 3004 型。涂层采用喷涂时一般都需要表面处理，涂层一般采用氟碳喷涂处理	钛锌板为高级金属合金板，成分主要为锌以及少量的铜、钛等合金材料。表面颜色为自然氧化的钝化层，不同于油漆喷涂，因此寿命较长，表面涂层被破坏后还有自愈功能	常用彩涂钢卷。钢在抗氧化、耐蚀、耐热、耐低温、耐磨损以及特殊电磁性等方面往往较差，不能满足特殊使用性能的需求
2	美观度	表面颜色完全靠表面处理颜色而定，表面涂层破坏后容易出现色差	自然氧化的钝化层天然美观，和任何建筑材料搭配都非常和谐美观，而且颜色非常和谐	表面颜色完全靠表面处理颜色而定，表面涂层破坏后容易出现色差

续表

序号	项次	铝镁锰板	钛锌板	钢板
3	使用年限	通常寿命都不超过5~10年（恶劣环境下寿命更短）。一旦表面涂层被破坏则腐蚀得更快	通常寿命达80~100年。致密的表面钝化层可以保证内层材料不继续被氧化	寿命更短
4	固定方式	大部分系统采用胶来防水，有时铝板系统的钉子还会外露，会有一定的漏水隐患	根据建筑造型以及选取的系统而定，但是所有的固定方式都不用胶，而且钉子不会外露	大部分系统采用胶来防水，有时钢板系统的钉子还会外露，会有一定的漏水隐患
5	抗风性	抗风性取决于构造合理性	抗风性取决于构造合理性	抗风性取决于构造合理性
6	防水性	根据系统而定，通过施工措施可以防止漏水	根据系统而定，但是非常好的柔韧性以及可焊接的特性可杜绝漏水隐患	根据系统而定，通过施工措施可以防止漏水
7	维护性	要经常清洗以确保干净的建筑物外观	锌板的钝化层具有自洁功能，后期节省了大量的维护成本	耐蚀、耐热、耐低温、耐磨损以及特殊电磁性等方面往往较差
8	加工性能	其较短的寿命和大量的维护成本使得整体成本增加。最小弯曲半径为3m，铝板实现球形或二维的曲面较困难	锌板的延展性和加工性很好，最小弯曲半径甚至可达到0.3m，能满足各种形式的建筑设计要求	钢材硬度较高，加工难度最大
9	综合造价对比	500~1000元/m²	900~1200元/m²	450~1000元/m²

4. 外保温体系

保温装饰一体化板具有生产工厂化、安装快速、安全耐久、防水透气、表观豪华等特点，是性价比较高的外墙保温装饰一体化系统，可以供不同地区、不同建筑物外墙外保温工程选用，也适合于体育场高效建造采用。

（1）保温装饰一体化板的性能及特点

保温装饰一体化板是指将EPS、XPS、聚氨酯、酚醛泡沫或无机发泡材料等保温材料与多种造型、多种颜色的金属装饰板材或无机预涂装饰板有机复合。按保温芯材类型可分为有机保温板型和无机保温板型。

保温装饰一体化板特点如下：

1）功能多，成本低。传统上，装饰材料与保温材料是互相独立的产品，用户从不同的厂家购买，由不同的单位施工。而保温装饰板同时具有装饰与保温的双重功能，功能增加，成本降低。

2）机械化。传统的外立面装饰与保温系统均采用手工作业模式，施工人员和作业环境会直接影响最终质量。而保温装饰板采用机械化作业模式，彻底消除了作业环境和人为因素带来的质量不确定性。

3）成品化。保温装饰板不仅实现了涂料成品化、保温成品化，而且最终实现了涂料保温一体成品化、铝板保温一体成品化及石材保温一体成品化，为产品质量与施工质量提供了强有力的保证。

4）适用性。保温装饰板的节能效果能满足国家强制性节能规定；而保温装饰板饰面层的高耐候性，更足以抵抗酸雨、盐雾等侵袭，因而具有非常广泛的适用性。

5）饰面的多样性。产品外表面采用仿石漆作为装饰面，色彩样式品种多，依据客户的喜好定制范围广。

6）安装灵活快捷。安装十分简便，由于本产品采用固定螺栓打孔的固定方式，因此无须基层处理，直接无龙骨干挂板安装，缩短工期。

（2）保温装饰一体化板系统的组成

保温装饰板系统一般由饰面层、涂饰面板、胶粘剂、保温层组成，若涂饰面板采用天然石材、墙砖、陶土板等具有饰面效果的板材，则无需饰面层。

饰面层：主要采用氟碳漆，其耐候性好、抗腐蚀性强、自洁功能好、装饰效果丰富，另外还有以氟碳树脂为成膜物的真石漆、水溶性漆、质感涂料、仿石漆。

涂饰面板：一种是以硅钙板为主要非金属材料经特殊工艺制作而成，具有高强度、保温、防水、防火的无机板材，也可以是铝板、铝塑板、增强水泥板等。

保温层：保温层可以是 EPS 膨胀泡沫聚苯板、XPS 泡沫聚苯挤塑板、聚氨酯发泡保温板、酚醛发泡保温板、膨胀玻化微珠板、膨胀珍珠岩板、泡沫玻璃板等有机或无机保温板等。有机保温板防火性能差，需封闭处理，无机保温板防火性能好。

胶粘剂：胶粘剂是饰面板与保温层紧密结合的必须材料，其粘结强度高，耐高低温性能优越，防水性强，是一种高强度有弹性的结构胶粘剂，一般不会在粘结处撕开。

（3）保温装饰一体化板系统组成的选择

保温装饰一体化板与当前其他外墙外保温节能系统相比具有工业化、标准化、组合多样化、施工装配效率高、装饰性好等特点，是一种综合性价比优越的外墙外保温节能体系。

1）保温层

EPS、XPS 保温板为早期保温装饰一体化板的主要保温材料，随着国家政策对建筑保温材料防火等级的逐渐提高，使用 EPS、XPS 保温板作为保温装饰一体化板保温材料的市场越来越小。使用有机保温材料作为保温装饰一体化板主要以酚醛防火保温板、聚氨酯保温板为主，但同样也存在体积稳定性差、粉化等缺点，市场上主要通过复合夹芯处理及封边（即聚氨酯保温板、酚醛防火保温板两面复合耐碱网格布、聚合物抗裂抹面浆料组成或其他双面不燃材料），防火性能达到 A 级，同时具有导热系数低，拉伸粘结强度高、耐候性、抗风荷载性能优越、支持多种外饰面等优点。

无机保温材料防火等级高，均可达到 A 级，符合政策要求，适合用于保温装饰一体化板，可不用对保温板进行复合夹芯处理，直接应用，但无机保温板材表现为脆性或强度低，且导热系数一般较大，保温层厚度大，在实际应用过程中需根据实际情况对板材进行相应处理。

2）装饰面层

金属漆面板主要以铝单板为主（钢板价格高、铝塑复合板老化性能差），金属面板不开裂、不吸水，硅酮密封胶对金属材质具有很强的粘结力和柔韧性，能起到很好的防水、抗裂作用。

无机漆面板可采用高密度板无机树脂板或硅钙板为复合保温板的饰面板，无机漆面板价格便宜，但存在防水、抗裂缺陷、硅铜密封胶与无机板具有不兼容性等问题，因此装饰面层采用无机漆面板时首先要做好板材的防水，同时还要加强板缝的处理。

装饰面板也可以考虑当地具有装饰效果的板材进行饰面，如天然石材、墙砖、陶土板等，无需进行表面装饰，工艺简单。

3）保温层与装饰面层的粘合

保温层与装饰面层的粘结主要通过相应的工艺将已经处理好的保温层与装饰面层采用胶水粘合在一起，形成保温装饰一体化板。其关键是胶水的选择，胶水的粘结性能好、耐候性及耐久性优异等，目前市场上有不燃无机胶，主要用于保温装饰一体化板。

5. 非承重墙

室内非承重隔墙采用新型墙体材料，可降低劳动强度，加快施工速度。轻质内隔墙材料主要有 ALC 板材、陶粒混凝土板、复合墙板等各类墙板。下面以常见的 ALC 板材和复合墙板为例进行介绍。

（1）ALC 墙板

ALC 蒸压加气混凝土（Autoclaved Lightweight Concrete）的简称，它是以粉煤灰（或硅砂）、水泥、石灰等为主原料，经过高压蒸汽养护而成的多气孔混凝土成型板材（其中板材需经过处理的钢筋增强），是一种性能优越的新型建材。ALC 板与加气混凝土砌块主要特点对比见表 3.1-3。

ALC 板与加气混凝土砌块主要特点对比 表 3.1-3

序号	比较项目		蒸压轻质加气混凝土板（ALC 板）	加气混凝土砌块
1	性能对比	规格	内部有双层双向钢筋，宽度 600mm，厚度分别为 100mm、120mm、150mm 等，可按照现场尺寸定尺加工，最大长度可达 6m	加气砌块为长度 600mm 的常规尺寸；不能定尺生产，内部无钢筋加强
		隔声	100mm 厚 ALC 板隔声指数为 40.8dB，每块板面积最大可达 3.6m²，性能均匀分布，板缝较少，整体隔声效果好	砌筑时需要砂浆处理，墙面砖缝较多，砖缝不密实时隔声性能降低

续表

序号	比较项目		蒸压轻质加气混凝土板（ALC 板）	加气混凝土砌块
1	性能对比	防火	100mm 厚 ALC 板防火时间大于 3.62h。板内部有双层双向钢筋支撑，火灾时不易过早整体坍塌，能有效防火	墙体因无整体网架支撑，火灾时会层层剥落，在短时间内造成坍塌
		结构	墙板不需要构造柱、配筋带、圈梁、过梁等任何辅助、加强的结构构件	需设置混凝土圈梁、构造柱、拉结筋、过梁等以增加其稳定性及抗震性
2	工期对比	块板安装	可以按照图纸及现场尺寸实测实量定尺加工生产，精度高，可以直接进行现场组装拼接，安装施工速度快	加气砌块为固定尺寸，不能定尺生产，且需准备砌筑砂浆等，施工速度慢
		辅助结构	不需要构造柱和圈梁、配筋带辅助，工期较短	需要增构造柱、圈梁等，工期较长
		装饰抹灰	可以直接批刮腻子，施工速度快	需要挂钢丝网进行双面抹灰且湿法施工，速度慢
3	工序对比	工序工种	单一工序及工种即可完成墙体施工	需搅拌、吊装、砌筑、钢筋、模板、混凝土、抹灰等多个工序及工种交叉施工方可完成整个墙体，耗时费力
4	经济对比	材料	假定价格（运输到施工现场）为 90 元 /m²（以 100mm 厚 ALC 板作内墙为例）	200mm 厚的加气块到工地价格约为 180 元 /m³；折合平方米单价为 36 元 /m²
		砌筑	只需板间挤浆，材料费约 8 元 /m²；安装人工和工具费用约为 30 元 /m²	砌筑砂浆及搅拌、吊装等约 8 元 /m²；砌筑人工约为 24 元 /m²
		抹灰	无（ALC 板不用抹灰，直接批刮腻子）	双面抹灰砂浆及搅拌、吊装、钢丝网等约 15 元 /m²；双面抹灰人工费约为 25 元 /m²
		抗震构造	无（ALC 板不用拉结筋、构造柱、圈梁或配筋带等抗震构造）	砌块墙体需设拉结筋、构造柱、圈梁或配筋带，材料和人工费用造价约合 30 元 /m²
		措施费取费	无（ALC 板可由厂家负责施工，价格一次包干，无措施费及定额取费）	框架结构墙体工程措施费及定额取费约为 30 元 /m²
		最终价格	100mm 厚 ALC 板墙体直接和间接造价不大于 130 元 /m²	加气砌块墙体直接和间接造价不低于 168 元 /m²

（2）纤维水泥板复合墙板

纤维水泥板复合墙板也叫轻质隔墙板，以纤维水泥板为面板，以聚苯乙烯颗粒，轻质波特兰水泥，膨胀珍珠岩及多种轻聚料等为芯材，是针对现代建筑开发生产出来的实心轻质墙板，可广泛应用于各类建筑的内外隔墙、屋面、楼地板、管井等。其全新的建筑理念与优异的性能满足了现代建筑环境的要求。纤维水泥板复合墙板主要性能指标见表3.1-4。

纤维水泥板复合墙板主要性能指标　　　　　　表 3.1-4

序号	项目	单位	性能指标			
			125mm 厚	100mm 厚	75mm 厚	50mm 厚
1	面密度	kg/m²	≤100	≤80	≤70	≤50
2	标准干缩值	mm/m	≤0.6	≤0.6	≤0.6	≤0.6
3	空气中隔声量	dB	≥46	≥45	≥40	≥35
4	抗冲击强度	无贯通裂纹次数	15 次	15 次	10 次	5 次
5	抗弯破坏强度	板自重倍数（施荷）	≥5.0	≥5.0	≥3.0	≥3.0
6	吊挂力	N	1900	1900	1800	800
7	耐火极限	h	4.0	4.0	3.0	2.2
8	燃烧性能	级	A 级不燃			

注：抗冲击强度为 50kg 标准沙袋，0.5m 高摆动冲击。

（3）纳米复合空腔板

以无机纳米防火板和有机高分子材料经复合形成的多层空腔板，适用于轻钢结构组合成"轻钢龙骨 - 纳米复合空腔板复合墙板"。纳米复合空腔板通过分块式安装，机械固定的方式实现快速安装。墙板面材可与仿瓷砖、石材、涂料、木饰面等多种材料复合，实现多种外饰面效果，且一次安装到位，其广泛适用于各类内外隔墙。纳米复合空腔板的物理力学性能指标见表 3.1-5。

纳米复合空腔板的物理力学性能指标　　　　　　表 3.1-5

序号	检验项目	标准指标
1	抗冲击性能（次）	≥5
2	抗压强度（MPa）	≥3.5
3	软化系数	≥0.8
4	面密度（kg/m²）	≤30
5	含水率（%）	≤1.5
6	吊挂力（N）	≥1000
7	干燥收缩值（mm/m）	≤0.38
8	燃烧性能	不燃

6. 玻璃幕墙

单元式玻璃幕墙：是指由各种墙面板与支承框架在工厂加工成完整的幕墙结构基本单位，直接安装在主体结构上的建筑幕墙。

框架式玻璃幕墙：将工厂内加工的构件，运到工地，按照工艺要求将构件逐个安装到建筑结构上，最终完成幕墙安装。单元式玻璃幕墙施工特点见表 3.1-6。

单元式玻璃幕墙施工特点　　表 3.1-6

类型	性能说明	高效建造优点	缺点
单元式玻璃幕墙	1）施工工期短，大部分工作是在工厂完成的，现场仅为吊装就位、固定，工作量占全部幕墙工作量的份额很小，幕墙吊装可以和土建同步进行，使总工期缩短； 2）可以设计出各种不同风格的异形幕墙，使建筑物发挥最佳艺术效果； 3）由于采用对插接缝，使幕墙对外界因素的变形适应能力更好；采用雨幕墙原理进行结构设计，从而提高幕墙的水密性和气密性； 4）单元板块在工厂内组装，质量控制好	1）幕墙质量容易控制； 2）现场施工简单、快捷、较好管理； 3）可容纳较大结构位移； 4）防水性能较好； 5）易实现高性能幕墙的要求； 6）能够适应现代建筑发展的需要	1）修理或更换比较困难； 2）单元式幕墙的铝型材用量较高，成本较采用相同材料的框架式幕墙高

综合推荐意见：

（1）单元式幕墙适合复杂造型的玻璃幕墙，因为面板和构件都是在工厂内组装好后整件吊装的，系统的安全性容易保证。单元式幕墙对前期资金占用大，土建施工精度要求高。另外设计难度大，人工总成本高，材料品种多，单方面积耗材量大，总体造价较高。

（2）框架式幕墙能满足大多数普通幕墙工程及设计造型，应用最为广泛。

（3）在造价允许的情况下，推荐采用单元式幕墙。

3.1.2　主要结构技术选型

1. 基础选型

体育场基础一般采用天然地基基础和桩承台基础，基于高效建造需求，建议优先选用的基础形式见表 3.1-7。

体育场常用基础形式　　表 3.1-7

基础分类	基础类型	高效建造适用性
天然地基基础	独立基础	优先选用
	条形基础	—
	筏板基础	—
桩基础	预制桩	优先选用
	钻孔灌注桩	—
	人工挖孔桩	—

2. 看台板选型

根据罩棚的刚柔特性和施工工艺要求，当采用刚性罩棚时，看台板优先选用预制看台板，当采用柔性罩棚时，看台板优先选用现浇看台板。

3. 体育场罩棚选型

根据体育场的基本功能需求，一般采用罩棚全覆盖式、半覆盖式、可开启式三种方式。从设计、施工的难易程度，由难到易分为可开启式→全覆盖式→半覆盖式，一般优先选用半覆盖式。

针对半覆盖式体育场罩棚，根据国内目前常采用的钢结构罩棚形式，从利于高效建造的角度出发，根据施工难易程度，体育场罩棚优先采用形式排序（表格自上到下）见表 3.1-8。

体育场罩棚优先采用形式排序　　　　　　　　　　　表 3.1-8

施工难易程度	体育场罩棚体系	对应的体育场项目
由易到难排列	空间桁架结构	广西体育中心主体育场
		青岛市民健身中心
		西安奥体中心
	空间网壳结构	大同体育场
		深圳大运中心
	拱桁架	包头市体育场
	索承网格结构	武汉东西湖体育中心
		郑州奥体中心
	索穹顶结构	凤凰山体育中心足球场
	索膜结构	深圳宝安体育场
		苏州体育中心体育场
		乐清市体育中心体育场

4. 钢结构罩棚与看台板连接节点选型

钢结构罩棚与看台板连接一般有以下几种：刚接、铰接、滑动支座连接、弹性连接。针对不同情况建议选择节点形式见表 3.1-9。

钢结构罩棚节点形式　　　　　　　　　　　表 3.1-9

结构形式	节点位置	看台板形式	推荐的节点形式
悬挑空间管桁架 悬挑实腹钢梁	前端	设缝	刚接（即钢结构立柱插入框架柱内）
		不设缝	铰接、滑动支座连接
	尾端		铰接（销轴连接）

5. 基于高效建造罩棚和看台板组合选型

以高效建造为主线，针对影响项目建造周期的关键因素，罩棚和看台板组合类型见表 3.1-10。

罩棚和看台板组合类型　　　　　　　　表 3.1-10

序号	组合名称	适用条件	技术特点	高效建造优缺点	工期成本	工程案例
1	空间桁架+预制看台板	半覆盖式罩棚体育场	空间桁架采用管桁架，相贯焊，地面分段焊接，分段吊装，施工需要支撑，预制看台板需提前预制。罩棚和看台板施工可穿插进行	优点：空间桁架分段制作安装、方便施工组织，预制看台板施工速度快。缺点：预制看台板成本较高，受地域市场限制较大	工期最短、成本适中	西安奥体中心
2	空间桁架+现浇看台板	半覆盖式罩棚体育场	空间桁架采用管桁架，采用相贯焊，地面分段焊接，分段吊装，施工需要支撑，现浇看台板需要支模、浇筑混凝土、养护	优点：空间桁架分段支座安装、方便施工组织，现浇看台板可作为桁架施工支撑。缺点：现浇看台板早期资金投入大	工期适中、成本最少	广西体育中心主体育场
3	索穹顶+现浇看台板	半覆盖式罩棚和全覆盖式罩棚体育场	现浇看台板需要支模、绑扎钢筋、浇筑混凝土、养护。索穹顶施工需要借助看台板搭胎架。施工技术难度大	优点：索穹顶采用整体提升，施工速度快。缺点：索采用国外进口时周期长	工期适中、成本较高	凤凰山体育中心足球场
4	索膜+现浇看台板	半覆盖式罩棚和全覆盖式罩棚体育场	现浇看台板需要支模、浇筑混凝土、养护。索膜结构杆件少，施工需要借助看台板搭胎架，施工要求高	优点：索膜采用整体提升，施工速度快。缺点：索采用国外进口时周期长	工期适中、成本较高	深圳宝安体育场

3.1.3　主要机电技术选型

1. 给水排水系统技术选型

现对体育场给水排水专业设计中几种典型的系统形式分别叙述。

（1）生活水泵供水形式见表 3.1-11。

生活水泵供水形式　　　　　　　　表 3.1-11

序号	比较项	变频生活水泵直接供水	恒频水泵+屋顶生活水箱
1	供水稳定性	较稳定	稳定
2	水质	水质好	水质有污染的可能性
3	控制复杂程度	复杂	简单
4	占用机房面积	较小	较大
5	推荐选型	推荐	—

（2）消火栓系统形式见表 3.1-12。

消火栓系统形式　　　　　　　　　　　表 3.1-12

序号	比较项	低压	临时高压	常高压
1	定义	能满足车载或手抬移动消防水泵等取水所需的工作压力和流量的供水系统	平时不能满足水灭火设施所需的工作压力和流量，火灾时能自动启动消防水泵以满足水灭火设施所需的工作压力和流量的供水系统	能始终保持满足水灭火设施所需的工作压力和流量
2	给水方式	利用市政给水管网供水	消防水池（或市政给水管网）→消防水泵→水灭火设施	1）市政给水管网（或其他供水管网）→水灭火设施； 2）高位消防水池→水灭火设施
3	类型选择	室外宜低压	室外：当市政给水管网条件无法满足规范要求时，室外消火栓系统应设置临时高压系统。 1）当室外高压或临高压时宜与室内合用； 2）独立的室外临高压宜设稳压泵。 室内：推荐采用	室外：一般情况下不选择。 室内：与临时高压，推荐用于室内
4	占用机房面积	小	较大	大
5	初投资	小	较大	大

（3）太阳能热水系统形式对比

目前多数体育场有绿建评星要求，或当地有关于太阳能热水系统的使用要求，故太阳能热水供水系统在体育场建筑中常被使用。将几种常使用到的太阳能热水供水系统形式进行整理，如表 3.1-13 所示。

常用太阳能热水供水系统形式　　　　　　表 3.1-13

序号	比较项	太阳能（间接换热）+容积式热水器+锅炉	太阳能（直接加热）+储热水箱+锅炉	太阳能+板换+储热水箱+锅炉
1	原理	太阳能作为热媒首先通过容积式水加热器将冷水预热；温度若无法达到使用水温（一般设置为60℃），则开启锅炉的高温热媒进行加热	太阳能作为热媒首先通过储热水箱（开式）将冷水预热；温度若无法达到使用水温（一般设置为60℃），则开启锅炉的高温热媒进行加热	太阳能作为热媒首先通过板换将储热水箱中冷水预热；温度若无法达到使用水温（一般设置为60℃），则开启锅炉的高温热媒加热
2	热水系统开式或闭式	闭式	开式	均可
3	太阳能系统热媒介质要求	无要求	水	寒冷地区推荐使用防冻液类介质

续表

序号	比较项	太阳能（间接换热）+容积式热水器+锅炉	太阳能（直接加热）+储热水箱+锅炉	太阳能+板换+储热水箱+锅炉
4	热水供水稳定性	稳定	相对稳定	稳定
5	机房占地面积	大	较小，可设置于屋面	较大
6	初投资	较高	低	较低
7	推荐系统及推荐原因	对供水要求相对稳定可靠的场所推荐使用	对供水稳定可靠性要求不很高的场所可使用	对供水要求相对稳定可靠的场所且寒冷地区推荐使用

2. 暖通系统技术选型（冷热源选型）

体育场常用的冷热源有电制冷机组+锅炉、地源热泵、风冷热泵、变制冷剂流量多联机系统等。其中电制冷机组常规采用螺杆式冷水机组或离心式冷水机组两种类型，锅炉常规采用真空锅炉、常压锅炉和承压锅炉三种类型。

（1）电制冷机组

常用电制冷机组见表3.1-14。

常用电制冷机组　　　　表3.1-14

序号	比较项	螺杆式冷水机组	离心式冷水机组
1	冷量范围	≤500RT	>300RT
2	COP（制冷性能系数）	≥5.1	≥5.6
3	IPLV（综合部分负荷性能系数）	4.47~5.13	4.49~5.6
4	能量调节范围	10%~100%	30%~100%
5	特点	无"喘振"现象	低负荷时易发生"喘振"
6	初投资	约1800元/RT	约1600元/RT
7	推荐性意见	常规≤500RT选用螺杆式冷水机组，>500RT选用离心式冷水机组	

注：1RT=3.517kW。

（2）锅炉

常用锅炉见表3.1-15。

常用锅炉　　　　表3.1-15

序号	比较项	承压锅炉	常压锅炉	真空锅炉
1	运行压力	承压运行，通常为1.0MPa	锅炉本体顶部表压为零（与大气相通）	负压运行
2	是否需要相关部门审验	必须有消防报审、锅炉检验等相关程序	需要消防报审，需去当地质监部门锅检所办理登记手续后才可使用	按照相关规范无须报审、锅炉安全检验以及登记；但是仍需视当地消防及锅检部门的要求

续表

序号	比较项	承压锅炉	常压锅炉	真空锅炉
3	热输出状况	炉腔内水温上升即开始输出热量，热输出稳定	炉腔内水温上升即开始输出热量，热输出稳定	真空沸腾之后才开始输出热量，停止沸腾，几乎马上停止热输出，如果燃烧器开机时间长，压力会升高，自动停炉，不能保持沸腾。水温波动相对大，燃烧器启停频繁。热输出不稳定
4	安全性问题（泄爆口）	锅炉布置需要考虑泄爆口	一般需设泄爆口，若不设置需要与当地消防及安监部门沟通并确认	一般需设泄爆口，若不设置需要与当地消防及安监部门沟通并确认
5	水质保证	有补水，有结垢可能	热媒水直接与大气相通。补水量较承压锅炉更大，结垢可能大于承压锅炉	有补水，内部一般情况下不结垢
6	设备腐蚀	热媒水与大气隔绝，大气腐蚀问题基本没有	热媒水与大气相通，有氧气进入导致腐蚀问题	炉内部为真空，与大气压完全隔绝，机组配置的抽气泵不断排出机组内的气氛，正常情况下无内部腐蚀可能
7	占用机房面积	115%~120%	115%~120%	100%
8	初投资	130%	100%	150%
9	使用寿命	15~20年	10~15年	20~30年
10	推荐性意见	考虑设备安全性及机房面积，常规采用真空锅炉；若考虑适当降低初投资，且需高温出水条件，可考虑承压锅炉；一般不建议采用常压锅炉		

（3）集中式供能与分散式供能对比

对大型体育场馆建筑群来说，地块内往往包含体育场、体育馆、游泳馆、综合训练馆、网球中心、酒店、商业、地下停车场等多栋单体，对于整个地块来说采用集中能源的形式还是各单体分设冷热源的形式尤为关键。集中式供能与分散式供能对比见表3.1-16。

集中式供能与分散式供能对比　　　　　　表3.1-16

序号	比较项	集中式供能/能源中心	分散式供能
1	形式	在地块内相对居中的场地地下室或地面新建集中式供能机房（能源中心）	在每栋单体建筑地下室或周边分设供能机房
2	冷热源形式	常规采用冷机+锅炉的形式，因集中供能，在有场地条件及有峰谷电价的地区可考虑采用水蓄冷或冰蓄冷系统，还可结合当地能源结构和价格因素采用三联供系统	冷热源形式多样，可根据各单体建筑特性及要求采用冷机+锅炉、地源热泵、风冷热泵、多联机等方式，灵活多变
3	机房面积	机房总面积相对于分散设置的机房总面积小，机房利用率高	当所有单体全部采用冷机+锅炉的形式时，合用面积较大（超过集中供能的机房面积）。当部分单体采用风冷热泵或多联机等系统形式时，可无需机房面积

续表

序号	比较项	集中式供能/能源中心	分散式供能
4	系统适应性	较低。 能源中心统一输送相同水温的空调水，若末端单体需要不同水温的空调介质，需增设换热机房换取需要的水温	高。 各建筑单体可根据实际需求采用不同的空调水温，系统灵活
5	负荷适应性	较高。 通过大小机的配比适应不同建筑单体分时段开设的负荷需求，机组多处于较小的部分负荷情况下运行	高。 各单体独立运行，不相互影响，机组多处于部分负荷高效率情况下运行
6	水力平衡	当地块较大时，需综合考虑输送至各单体之间的水力平衡以及单体内部的水力平衡	各单体之间独立运行，不相互影响，仅需考虑单体内部的水力平衡即可
7	初投资	较低	较高
8	运行费用	较低，采用水蓄冷/冰蓄冷系统形式可节省运行费用	辅助用房采用风冷热泵及多联机系统时运行费用较高
9	运营维护	便利，集中管理维护	不便利，分散管理维护
10	产权分割	不利于分割，若地块内有商业、酒店等单体需出售，需向其收能源费用	利于分割，若地块内有商业、酒店等单体需出售，可独立管理冷热源部分
11	施工便利性	集中施工，较便利	根据各单体周期施工，较不便利
12	施工周期	较短	可根据项目的单体建设情况分期建设，整体施工周期较长，但单体施工周期较短，且若采用风冷热泵、多联机系统会加速整个建造周期
13	推荐性意见	若各建筑单体为分期建设且有不同的用能需求，或场地内有酒店时（有酒店要求24h运行）优先考虑分散式供能；若为总体建造采用水冷系统时，考虑节省机房面积或采用蓄能式系统可考虑集中式供能。辅助办公、服务类用房可根据环境条件采用风冷热泵、多联机系统	

（4）分散式冷热源系统形式对比

分散式冷热源系统形式对比见表3.1-17。

分散式冷热源系统形式对比　　　　　　　　　表3.1-17

序号	比较项	制冷机+锅炉	地源热泵	风冷热泵	多联机
1	原理	制冷机通过电制冷，并通过冷却塔向室外空气散热；锅炉通过燃烧油或天然气制热	通过向全年温度相对恒定的土壤吸取/放出热量来制热/制冷	通过向室外空气吸取/放出热量来制热/制冷	通过向室外空气吸取/放出热量来制热/制冷
2	特殊要求	无	对地质有要求	严寒/寒冷地区使用相对受限	严寒/寒冷地区使用相对受限
3	辅助冷热源	无	为确保全年冷热平衡，通常会设置辅助冷热源（如冷却塔、锅炉等）	无	无

续表

序号	比较项	制冷机+锅炉	地源热泵	风冷热泵	多联机
4	机房需求	需专门的制冷机房和锅炉房（且需泄爆）	较小，约为冷机房+锅炉房总面积的65%	无	无
5	室外占地面积	无	需占用大量的室外场地敷设地埋管	较小，且集中	较多，且分散
6	噪声对室外环境影响	冷却塔放置在地面绿化带时噪声较大	若系统设置辅助冷源冷却塔，冷却塔放置在地面绿化带时噪声较大	大型螺杆式风冷热泵放置在地面绿化带时噪声较大	噪声较小
7	系统稳定性	全年稳定	相对稳定，需考虑全年冷热平衡，长时间使用后效率有所下降	相对稳定，冬季受室外环境（室外温度）影响较大	相对稳定，冬季受室外环境（室外温度）影响较大
8	施工便利性	较便利	不便利	较便利	便利
9	施工周期	较长	长	较短	短
10	初投资	较低	高	居中	较高
11	推荐性意见	当单体为体育馆、游泳馆等集中式建筑，且建筑内部各大小功能空间较多时，可考虑采用冷机+锅炉形式；当单体为体育场等建筑占地面积大，且周边多为小面积房间时，可考虑采用多联机系统；夏热冬暖及夏热冬冷地区可考虑采用风冷热泵和多联机系统；场地地质允许，且有绿建等要求时，可考虑采用地源热泵系统			

3. 电气系统技术选型

现对体育场电气专业设计中几种技术方式进行对比分析。

（1）密集母线与电缆供电比较

密集母线与电缆供电比较见表3.1-18。

密集母线与电缆供电比较　　　　　　　　　　表3.1-18

序号	比较项	密集母线	电缆
1	优点	使用寿命为电缆的2~3倍；630A及以上母线相比相同载流量电缆节省铜材10%~35%，减少电能损耗15%以上；散热性好，安全性能高，不易发生火灾事故；灵活性强，容易引出分支电路	小电流回路配电灵活方便，占用安装空间小，节省投资
2	缺点	安装空间要求较大，安装不灵活。电流较小时造价高	需要充分考虑散热，使用寿命相对较短。拐弯半径大，电缆桥架填充率不能过高
3	造价	630A以上的铜导体母线槽价格近似于电缆的造价成本；铝导体母线槽比铜导体电缆价格低25%~35%；电流越大，母线槽的成本越低	小容量设备供电电缆造价更低

序号	比较项	密集母线	电缆
4	推荐选型	电流 630A 及以上的大容量设备（如大型冷水机组、体育场预留的演艺活动用电等）、大电流配电干线建议采用母线槽	电流小于 630A 的供电回路

（2）管线敷设方式选型对比

管线敷设方式选型对比见表 3.1-19。

管线敷设方式选型对比　　　　　　　　　　　　表 3.1-19

序号	比较项	明敷	暗敷
1	优点	灵活方便，浪费较少，利于检修，减少与土建专业的配合	节省人工，节约工期
2	缺点	比较耗费人工	对于需要精装修场所预埋管会有部分预埋管浪费，混凝土浇筑时容易对预埋管造成破坏，线路检修不方便
3	造价	有吊顶场所造价较低，无吊顶场所造价比暗敷高	相对较低
4	推荐选型	爆炸危险场所管线应明敷；管径超过楼板厚度 1/3 时应明敷；管径 40mm 及以上宜明敷。精装场所有吊顶且土建施工时顶部安装设备位置不明确时建议明敷	地面、竖向墙体、不装修场所顶板建议暗敷

3.2　施工技术选型

3.2.1　基坑工程

基坑工程施工技术选型见表 3.2-1。

3.2.2　地基与基础工程

地基与基础工程施工技术选型见表 3.2-2。

3.2.3　混凝土工程

混凝土工程施工技术选型见表 3.2-3。

3.2.4　罩棚工程

罩棚工程施工技术选型见表 3.2-4。

基坑工程施工技术选型

表3.2-1

序号	结构类型		适用条件	常见结构组合	应用特点及适用条件		工期/成本	应用工程实例
	名称				优点	缺点		
1	支挡式结构（锚拉式）		1) 适用基坑等级为一级、二级、三级； 2) 适用于较深的基坑； 3) 锚杆不宜用在软土层和高水位的碎石土、砂土层中； 4) 当邻近基坑有建筑物地下室、地下构筑物等，锚杆的有限锚固度不足时，不应采用锚杆； 5) 当锚杆施工会造成基坑周边建筑物的损害或违反城市地下空间规划等规定时，不应采用锚杆； 6) 排桩适用于不可采用降水或截水帷幕的基坑	现浇混凝土灌注桩排桩（人工成孔）-锚拉式（支撑式、悬臂式）	1) 桩端持力层便于检查，质量容易保证，桩底沉渣宜控制； 2) 容易得到较高的单桩承载力，可以扩底，以节省桩身的混凝土用量； 3) 孔壁混凝土养护间隙长，需要较多劳动力，成桩工效较低	1) 受地下水位影响较大，地下水位较高时，施工要注意降水排水； 2) 存在透水性较大的砂层不能采用； 3) 爆破中风化岩层噪声大； 4) 桩长不宜过长（<30m），施工时应采取更为严格的安全保护措施； 5) 受雨季雨天影响比较大； 6) 对安全要求更高，如有害气体、易燃气体、空气稀薄等，尤其在有地下水时需要边抽边挖，对漏电保护也有特殊要求	人工成孔，施工方便，但成本低，但功效较低，需要劳动力多，对安全要求特高	—
2	支挡式结构（支撑式）		1) 适用基坑等级为一级、二级、三级； 2) 适用于较深的基坑； 3) 锚杆不宜用在软土层和高水位的碎石土、砂土层中； 4) 当邻近基坑有建筑物地下室、地下构筑物等，锚杆的有限锚固度不足时，不应采用锚杆； 5) 当锚杆施工会造成基坑周边建筑物的损害或违反城市地下空间规划等规定时，不应采用锚杆； 6) 排桩适用于不可采用降水或截水帷幕的基坑	现浇混凝土灌注桩排桩（机械成孔）-锚拉式（支撑式、悬臂式）	1) 地下水位较高时，不用降水即可施工，基本不受雨季影响； 2) 机械施工，施工时对周围的现状影响较小； 3) 钻孔桩可以灵活选择桩径，降低浪费系数； 4) 适用于桩身较长的桩基础； 5) 可以解决次地层中的孤石问题	1) 桩底沉渣难以处理，桩身泥土影响侧壁摩阻力发挥； 2) 在中风化岩层很难扩底，单桩承载力难以提高； 3) 废弃泥浆多，不环保，现场施工工环境要求高； 4) 在冲击岩或孤石时速度慢； 5) 若桩孔处下岩层面起伏较大部位易产生斜孔	机械成孔安全性较高，施工工效高，成桩速率3~5根/（天·机）（30m左右）	—

续表

序号	结构类型 名称	适用条件	常见结构组合	应用特点及适用条件 优点	缺点	工期/成本	应用工程实例
3	支挡式结构（悬臂式）	1）适用基坑等级为二级、三级； 2）适用于较浅的基坑； 3）锚杆不宜用在软土层和高水位的碎石土、砂土层中； 4）当邻近基坑有建筑物地下室、地下构筑物等，锚杆的有限锚固长度不足时，不应采用锚杆； 5）当锚杆施工会造成基坑周边建筑物的损害或违反城市地下空间规划等规定时，不应采用锚杆； 6）排桩适用于可采用降水或截水帷幕的基坑	SMW工法桩-锚拉式（支撑式、悬臂式）	1）施工噪声小，对环境影响小； 2）具有挡土、止水双重功能； 3）桩身强度高； 4）型钢可回收利用，造价低； 5）土质可原地收材，弃土量小，施工速度快，可靠性高	1）基坑支护深度受限； 2）跟原土质关联，受限黏性土，避免砂土层； 3）桩身控制垂直难度大	安全可靠性高，施工快，70~80m²/台班	—
			钢板桩-锚拉式（支撑式、悬臂式）	1）钢板桩具有良好的耐久性，在施工完成回填后可将槽钢拔出回收利用； 2）施工方便，工期短	1）不能挡水和土中细小颗粒，在地下水位高的地区需采取隔水和降水措施； 2）抗弯能力较弱，多用于深度≤4m的较浅基坑，顶部宜设置一道支撑或锚拉； 3）支护刚度小，开挖后变形较大	使用范围有限，抗弯和刚度性能低，槽钢200~300根/天，拉森钢板100~150根/天	—
4	支挡式结构（双排桩）	1）适用基坑等级为一级、二级、三级； 2）适用于锚拉式、支撑和悬臂式不适应的条件； 3）锚杆不宜用在软土层和高水位的碎石土、砂土层中； 4）当邻近基坑有建筑物地下室、地下构筑物等，锚杆的有限锚固长度不足时，不应采用锚杆；	双排灌注桩（悬臂式） 双排SMW桩（悬臂式）	1）结构简单，施工方便，有利于基坑采用大型机械开挖； 2）双排桩支护体系中，前后排桩均分担主动土压力，其中前排桩主要起负担主动土压力的作用；后排桩兼起支护拉锚的双重作用； 3）双排支护桩结构形成空间格构，增强支护结构自身的稳定性和整体刚度；	1）双排桩的桩间距根据地质条件要求较高； 2）设计受力计算复杂，属于超静定分析，对施工质量要求较高； 3）基坑周边必须留有一定的空间以用于双排围护桩的布置和施工，场地较狭小条件下，使用受限	特殊使用范围，机械施工方便，安全可靠	—

续表

序号	结构类型		常见结构组合	应用特点及适用条件		工期/成本	应用工程实例
	名称	适用条件		优点	缺点		
4	支挡式结构（双排桩）	5）当锚杆施工会造成基坑周边建筑物的损害或违反城市地下空间规划等规定时，不应采用锚杆； 6）排桩适用于可采用降水或截水帷幕的基坑	双排SMW桩（悬臂式）	4）在受施工技术或场地条件限制时，如果基坑支护体系是代替桩锚支护结构的一种好的支护形式，施工简单速度快，投资相对少		—	—
5	支挡式结构（支护结构与主体结构结合逆作法）	1）适用基坑侧等级为一级、二级； 2）适用于基坑周边环境条件较复杂的深基坑； 3）锚杆不宜用在软土层和高水位的碎石土、砂土层中； 4）当邻近基坑有建筑物地下室、地下构筑物等，锚杆的有限锚固长度不足时，不应采用锚杆； 5）当锚杆施工会造成基坑周边建筑物的损害或违反城市地下空间规划等规定时，不应采用锚杆； 6）排桩适用于可采用降水或截水帷幕的基坑	地下连续墙－锚拉式（支撑式、悬臂式）	1）施工全盘机械化，速度快，精度高，并且振动小、噪声小，适用于城市密集建筑群及夜间施工； 2）具有多功能用途，如防渗、截水、承重、挡土、防爆等，强度可靠，承压力大； 3）对开挖的地层适应性强，可适用于各种地质条件，无论是软弱地层或在重要建筑物附近的工程中，都能安全地施工； 4）可在各种复杂的条件下施工，开挖基坑无需放坡，土方量小、浇混凝土无需支模和养护，并可在低温下施工，降低成本，缩短施工时间； 5）用触变泥浆护孔壁和止水，施工安全可靠，不会引起地下水位降低而造成周围地基沉降，保证施工质量； 6）地下连续墙刚度大，易于设置埋设件，适合于逆作法	1）每段连续墙之间的接头质量较难控制，往往在各异形接头成结构薄弱点； 2）墙面虽可保证垂直度，但比较粗糙； 3）施工技术要求高，造槽机选择、泥浆下浇筑混凝土，接头、泥浆处理等环节，应严格控制； 4）制浆及处理成现场地占地较大，管理不善易造成现场泥泞和污染； 5）地下连续墙用作临时的挡土结构，比其他方法所用的费用要高	优点多，适用性广，可用于大型深基坑，安全可靠性高，但造价一般较高，一般为3000~4000元/m³	—

续表

序号	名称	适用条件	常见结构组合	应用特点及适用条件 优点	应用特点及适用条件 缺点	工期/成本	应用工程实例
6	土钉墙（单一土钉墙）	1）使用基坑等级为二级、三级；2）适用于地下水位以上或降水的非软土基坑，且基坑深度不宜大于12m	单一土钉墙	1）稳定可靠、经济性好，在土质较好地区应积极推广；2）施工噪声、振动小，不影响环境；3）土钉墙成本费较本费较低显著降低	1）土质不好地区难以运用；2）需土方配合分层开挖，对工期要求紧，工地需投入较多设备；3）不适用于临时自稳能力的淤泥土层	—	—
7	土钉墙（预应力锚杆复合土钉墙）	1）使用基坑等级为二级、三级；2）适用于地下水位以上或降水的非软土基坑，且基坑深度不宜大于15m	预应力锚杆复合土钉墙	1）预应力锚杆主要特点是通过施加预应力来约束土钉墙边壁变形，大大提高基坑边坡的稳定性；2）可有效地控制基坑变形	1）预应力锚杆需要设置混凝土腰梁或工字钢腰梁作为连接点；2）预应力锚杆要待土钉和混凝土腰梁达到一定强度后方可施工；3）预应力锚杆对长度、角度和灌浆等施工质量控制要求较高有一定施工周期时间	—	—
8	土钉墙（水泥土桩复合土钉墙）	1）使用基坑等级为二级；2）用于非软土基坑深度不宜大于12m；用于淤泥质土基坑时，基坑深度不宜大于6m；不宜用于存在高水位的碎石土、砂土层中	水泥土桩复合土钉墙	1）复合土钉墙具有挡土、止水的双重功能，效果良好；2）可就地取材，弃土量小，施工速度快，成本较低；3）施工噪声小，对环境影响小	1）基坑支护深度受限；2）跟原土质关联，受限象性土层，避免砂土层；3）桩身控制垂直难度大；4）强度和刚度较低，侧向位移较大	安全可靠性高，施工快，70~80m²/台班	—
9	土钉墙（微型桩复合土钉墙）	1）使用基坑等级为二级、三级；2）适用于地下水位以上的基坑，基坑深度不宜大于12m，用于淤泥质土基坑时，基坑深度不宜大于6m	微型桩复合土钉墙	1）微型桩具有超前支护作用，使得土钉墙可承受较大的弯矩和剪力，变形得以有效控制；2）施工方便，工期短、造价低等优点，可以有效地控制基坑变形，大大提高基坑边坡的稳定性	1）微型桩需要设置混凝土腰梁或工字钢腰梁作为连接点；2）微型桩需要钻孔、埋管和灌浆等工序，有一定施工间歇时间	—	—

续表

序号	名称	适用条件	常见结构组合	应用特点及适用条件 优点	应用特点及适用条件 缺点	工期/成本	应用工程实例
10	重力式水泥土墙	1) 使用基坑等级为二级、三级; 2) 适用于淤泥质土、淤泥基坑,且基坑深度不宜大于7m	水泥搅拌桩	1) 利用水泥作为固化剂,采用搅拌机,在地基深处将水泥和固化剂制搅拌,形成具有整体性和水稳性的,有一定强度的水泥加固土体; 2) 就地取材、施工方便、速度快,经济性好	1) 强度和刚度较低,不宜用于深基坑,侧向位移相对较大; 2) 墙体厚度较大,有时受周边环境限制; 3) 基坑开挖越深,墙体的侧向位移越难控制	—	—
11	放坡	1) 施工场地满足放坡条件; 2) 放坡与上述支护结构形式结合; 3) 使用基坑等级为三级	自然放坡	1) 造价低廉,不需要额外支付支护成本; 2) 工艺简单,技术含量较低,工期短,方便土方开挖	1) 需要场地宽广,周边无建筑物和地下管线,具备放坡条件; 2) 土方回填量大,不能堆载较大荷载	—	—

地基与基础工程施工技术选型

表3.2-2

序号	名称	适用条件	高效建造优缺点	工期/成本	案例
1	素土地基(天然地基)	岩土层为风化残积土层、全风化岩层,强风化岩层或中风化软岩层,可采用天然地基	不需要对地基进行处理就可以直接放置基础。当土层的地质状况较好、承载力较强时可以采用天然地基	地质允许条件下优先选用	—
2	其他地基	1) 砂石桩复合地基,适用于挤密松散砂土、素填土和杂填土等地基,饱和黏性土地基并且不以变形控制的工程,也可采用砂石桩作置换处理;	1) 对饱和黏土地基上变形控制不严的工程也可采用砂石桩置换处理,使砂石桩与软黏土构成复合地基,加速软土的排水固结,提高地基承载力; 2) 高压旋喷复合地基处理技术,解决了在岩溶地区挖孔桩、灌注桩、钻(冲)孔桩难于成桩且工期无法保证的技术难题,高压旋喷施工对各种不良地质现象的影响较大,除地基加固了灰土桩者,高压旋喷桩也可作为深基础施工或大坝的止水帷幕,也可作为深基坑或大坝处理深度已超过30m;	地基处理设计时,应考虑上部结构、基础和地基的共同作用,必要时采取有效措施,加强上部结构的刚度和强度,以增加建筑物对地基不均匀变形的适应能力。对已选定的地基处理方法,宜按建筑地基基础设计等级,选择代表性场地进行相应的现场试验	—

续表

序号	名称		适用条件	高效建造优缺点	工期/成本	案例
2	地基	其他地基	2) 高压旋喷注浆地基，适用于处理淤泥、淤泥质土、黏性土、粉土、砂土、人工填土和碎石土等地基；当地基中含有较多的大粒径块石、大量植物根茎或有较高的有机质时，应根据现场试验结果确定其适用性；对地下水流速度过大、喷射浆液无法在注浆套管周围凝固等情况不宜采用； 3) 水泥土搅拌桩地基，水泥土搅拌法适用于处理正常固结的淤泥与淤泥质土、黏性土、粉土、饱和黄土、素填土及无流动地下水的饱和松散砂土等地基；不宜用于处理泥炭土、塑性指数大于25的黏性土、地下水具有腐蚀性以及有机质含量较高的地基；若品采用时必须通过试验确定其适用性； 4) 其他复合地基，在确定地基处理方案时，宜选取不同的方法进行比选；对复合地基而言，方案选择是针对不同土性、合适要求的承载力提高幅度，选取适宜的成桩工艺和增强体材料	3) 当地基的天然含水量小于30%（黄土含水量小于25%），大于70%或地下水的pH值<4时不宜采用此法。连续搭接的水泥搅拌桩可作为基坑的止水帷幕，受其搅拌能力的限制，该法在地基中应用有一定难度； 4) 利用软弱土层作为持力层时，可按下列规定执行： (1) 淤泥和淤泥质土，宜利用其上覆较好土层作为持力层，当上覆土层较薄，应采取避免施工时对淤泥和淤泥质土扰动的措施； (2) 冲填土、建筑垃圾和性能稳定的工业废料，当均匀性和密实度较好时，均可利用作为持力层； (3) 有机质含量多的生活垃圾和对基础有侵蚀性的工业废料等杂填土，未经处理不宜作为持力层。局部软弱土层以及暗沟、暗塘等，可采用基础梁、换土、桩基或其他方法处理。基处理方法时，应综合考虑地工程地质和水文地质条件、建筑物对地基要求、建筑结构类型和基础形式、周围环境条件、材料供应情况、施工条件等因素，经过技术经济指标比较分析后择优采用	并进行必要的测试，以检验设计参数和加固效果，同时为施工质量检验提供相关依据	—
3	基础	钢筋混凝土扩展基础	1) 平板式筏板基础由于施工简单，在高层建筑中得到广泛的应用； 2) 独立基础、一般适用于楼层较低的多层框架结构或框架结构房屋，若地质情况好时，部分高层也可以采用	1) 筏形基础既能充分发挥地基承载力，调整不均匀沉降，又能满足停车库的空间使用要求，是较理想的基础形式； 2) 当建筑物上部结构采用框架结构或单层排架结构承重时，基础常采用矩形、圆柱形和多边形式的独立式基础	施工速度最快，成本高，地质允许条件下优先适用	—

续表

序号	名称	适用条件	高效建造优缺点	工期/成本	案例
4 基础	钢筋混凝土预制桩	预制桩适用地质条件： 1）一般黏性土、中密以下的砂类土、粉土，持力层进入密实的砂土；硬黏土； 2）含水量较少的粉质黏质土和砂土层，没有坚硬的夹层； 3）持力层上覆盖为软黏土层，硬的夹层； 4）持力层顶面的土质变化不大，桩长易于控制，减少截桩或多次接桩； 5）水下桩基工程； 6）大面积打桩工程：由于此桩打工序简单，工效高，在大数较多的前提下，可抵消预制价格较高的缺点，节省基建投资； 7）工期紧的工程：工厂化预制，现场安装，缩短工期； 8）对地质条件有一定要求，对精密、密实的中间夹层或碎石土难以穿越，且不能穿越冻胀性明显土层	预制桩优点： 1）桩身质量易于保证和检查； 2）强度高，单方混凝土承载力高，桩的单位面积承载力较高； 3）桩身混凝土的密度大，抗腐蚀能力强； 4）施工工效高，大面积作业下成桩速度极快； 5）因属挤土桩，打入后成桩周围的土层被挤密，从而提高地基承载力； 6）适用于水下施工。 预制桩缺点： 1）要顾及挤土效应对周围环境的影响，施工时易引起周围地面隆起，有时还会引起已就位邻桩上浮； 2）有可能因为地质条件、载桩、打入方式、桩距等原因产生断桩、斜桩或上浮桩，影响承载力； 3）受运输及起重设备限制，单节桩的长度不能过长，一般为10余米，长桩需接桩时，接头处成形薄弱环节，如不能确保全桩长的垂直度，将降低桩的承载能力，甚至还会在打桩时出现断桩； 4）造价较贵，因为预制桩用钢量大，配筋是根据搬运、吊装和压入桩时的应力设计的，远超过正常工作荷载的要求，接桩时需增加相关费用； 5）不能用于抗水平荷载，任预应力钢绞线或填心强度足够的情况下可用作抗拔桩； 6）不易穿透较厚的坚硬地层，当坚硬地层下仍存在需穿过的软弱层时，则需辅以其他施工措施，如采用预钻孔的引力方法）等； 7）锤击和振动法下沉的预制桩施工时，振动噪声大，影响周围环境，不宜在城市建筑物密集的地区使用，一般需改为静压法进行施工	施工速度快，成本较高	深圳宝安体育场、惠州市中心体育场、第十四届省运会主场馆、云浮体育场、汕头大学东校区暨亚青会场馆

序号	名称	适用条件	高效建造优缺点	工期/成本	案例
5	基础 泥浆护壁成孔灌注桩	钻孔灌注桩适用条件: 1) 在地质条件复杂、持力层埋藏深、地下水位高等不利于人工挖孔及其他成孔工艺时,优先选用此工艺; 2) 桩端、桩周持力层比较好的各种大型、特大型工程和对单桩承载力要求特别高的特殊工程(如桥梁、超高层建筑、高炉、转炉、高塔、特大吊装设备等)	灌注桩优点: 1) 适用不同土层; 2) 桩长可因地改变,无接头;目前直径已达 2.0m,桩长可达 88m; 3) 仅承受轴向压力时,只需配置少量构造钢筋;需配制钢筋笼时,按工作荷载要求布置,节约钢材(相对于预制桩是按吊装、搬运工作应力来设计钢筋); 4) 正常情况下,比预制桩经济; 5) 单桩承载力大(采用大直径钻孔灌注桩时); 6) 振动小、噪声小; 7) 钻孔灌注桩具有入土深,能进入岩层,刚度大、承载力高、适应性强,桩身变形小,并可方便地进行水下施工等优点,是目前用途最广泛的一种灌注桩。 灌注桩缺点: 1) 桩身质量不易控制,容易出现断桩、缩颈、露筋和夹泥的现象; 2) 桩身直径较大,孔底沉积物不易清除干净(除人工挖孔桩外),因而单桩承载力变化较大; 3) 一般不宜用于水下桩基;但在桥桩(大桥)施工中,可采用钢围堰(大型桥梁)进行水下钻灌注桩施工	施工速度较慢,成本较低	内江体育中心、清远奥体中心、东区体育场
6	基础 干作业成孔灌注桩基础	人工挖孔桩适用范围: 1) 适用于持力层在地下水位以上的各种地层,或地下水较少,成桩质量容易控制的地区; 2) 适用于承受大荷载的一些大型工业建筑和城市高层建筑(构)筑物; 3) 适用于无水或渗水量较小的填土、黏性土、粉土、砂土、风化岩地层;	人工挖孔桩优点: 1) 单桩承载力高,充分发挥桩端土的端承力;单桩可以承受几千牛乃至几万千牛荷载,能满足高层建筑及重型设备基础的需要,嵌入地层一定深度,抗震性能好; 2) 挖孔桩成孔直径大,施工时下放钢筋笼方便,桩底虚土清理较彻底,为提高单桩承载力打下基础; 3) 人工开挖,质量易于保证,在机械成孔困难狭窄地区也能顺利成孔;	较机械成孔,成本低	广西体育中心

续表

序号	名称	适用条件	高效建造优缺点	工期/成本	案例
6	基础	干作业成孔灌注桩基础	4）北方由于干地下水位较低，比南方更适用。 不适用范围： 1）对干地下水位以下，涌水量大的以及水头压力大和地下有瓦斯、沼气等有害气体的地层不宜采用这类桩型； 2）人工挖孔桩不适宜用于砂土、碎石土和较厚的淤泥质土层等	4）当土质复杂时，可以边挖掘边用肉眼验证土质情况； 5）无噪声，无振动，无废泥浆排出等公害； 6）可利用多人同时进行若干根桩施工，桩底部易于扩大。 人工挖孔桩缺点： 1）持力层地下水位以下难以成孔； 2）人工开挖效率低，需要大量劳动力； 3）挖孔过程中有一定的危险，一旦塌孔往往造成严重后果； 4）在扩底时往往在固支护方案不当，易造成扩底部位土层塌方； 5）对安全要求高，如有毒气体、易燃气体、孔内空气稀薄等，尤其在有地下水时需调电保护有特殊要求	较机械成孔，成本低	广西体育中心
7	基础	长螺旋压灌钻孔压灌桩	1）长螺旋压灌桩桩用于干作业法施工； 2）长螺旋钻孔压灌桩，适合地下水丰富地层； 3）长螺旋钻孔桩，适用于一般黏性土及填土、粉土、季节性冻土和膨胀土、非自重湿陷性黄土等；特殊土层，如淤泥和淤泥质土层、中间有砂石层夹层，可采用钻孔压灌桩	长螺旋钻孔灌注桩具有较多的优点： 1）过程中无需水泥浆或泥浆护壁，使用成本低； 2）工艺先进、施工设备简便、技术成熟，成桩速度快，无噪声、无污染	地质条件适合时，效率高，成本低，但有很明确的适用条件	—
8	基础	沉管灌注桩	适于在黏性土、淤泥、淤泥质土、稍密的砂石及杂填土层中使用，但不能在密实的中粗砂、砂砾石、漂石土层中使用	锤击沉管灌注桩劳动强度大，要特别注意安全。 优点： 可避免一般钻孔灌注桩锤击沉桩尖受浮土造成桩身下沉、持力不足的桩身，有效改善桩身表面浮浆现象，该工艺更节省材料。 缺点： 1）施工过程中，锤击会产生较大噪声，部分城市禁止在市区使用，使用受限，在遇到土质疏松、地质状况复杂的地区，但遇土层有较大孤石时，应改用其他工艺实施，该工艺无法实施，先期浇筑的桩身质量不易控制，拔管过快易造成桩身缩颈； 2）施工质量不良时易造成斜桩土效应挤土造成倾斜断裂甚至错位	有明确的适用条件	—

表 3.2-3

混凝土工程施工技术选型

序号	方案名称	适用条件	技术特点	高效建造优缺点	工期/成本	工程案例
1	跳仓法施工技术	地下室、环形看台板主体结构	通过落实"抗、放、减"的综合施工措施，有条件地取消温度后浇带，实现便捷施工，降低成本，保证质量	优点： 1) 可取消温度后浇带，避免留置后浇带对预应力张拉、模板支设、交通组织等不利影响，大幅节约工期，提高施工质量； 2) 各道施工工序流水进行，相邻各台板结构混凝土递推浇筑，依次连续施工，无缝连接整体，利于施工组织，节约资源投入，减少资源投入，节约成本	施工周期、成本投入低于后浇带施工	郑州奥体中心、广西体育中心、凤凰山体育中心
2	预制清水混凝土看台板施工	体育场看台板	预制装配式看台板替换现浇看台板	优点： 1) 可有效提高看台板装配率，符合国家政策导向； 2) 预制装配式看台板可以提前介入，具有建筑设计标准化、构配件生产工厂化、施工装配化、管理信息化的特点，效果美观。 缺点：投入资源较高，深化设计及管理难度大	可缩短施工周期，成本比现浇较高	淄博体育中心体育场、武汉东湖体育中心、深圳大运体育中心、黄石奥体中心、西安奥体中心
3	圆柱定型模板施工	圆柱部位	定型加大圆柱模板代替弧形木模板支模	优点：大大减少小木模板投入，定型加工提高施工质量，减少模板拼缝，减少施工成本，周转率高。 缺点：定型模板一次投入大，适用性不高	减少支模时间10%以上	济南奥体中心、青岛市民健身中心
4	弧形模板现浇看台板施工	看台板	采用散排木模板现浇弧形看台板	优点：施工工期风险小，灵活性高，易于操作。 缺点：较预制装配式看台板结构施工周期长	施工工期稳定，投入较低	郑州奥体中心、济南奥体中心、青岛奥体中心、民健身中心
5	Y形柱与悬挑大斜梁施工技术	Y形柱看台板梁	BIM与深化设计技术结合，实现复杂节点优化	优点：通过BIM技术提前深化设计解决Y形柱与悬挑大斜梁的施工工法难度问题，保证施工安全与成型质量。信息化技术可有效实现异形混凝土结构快速施工	通过深化设计加快施工工期	武汉体育中心
6	预应力环梁施工技术	预应力混凝土	根据环梁外形及超长的特点，一般采用环梁混凝土分段施工、预应力筋分段张拉方案	优点： 1) 大型预应力钢筋混凝土环梁造型复杂，通过合理地分段浇筑混凝土，可使预应力筋分段布置； 2) 针对环梁与柱头连接处钢筋密集，施工中采用木制足尺大样模型，精确放出斜面支承钢筋所在位置的角度，保证预应力筋和粗钢筋的穿孔顺利顺利完成	无对比分析	武汉体育中心

表3.2-4

罩棚工程施工技术选型

序号	方案名称	适用条件	技术特点	高效建造优缺点	工期/成本	工程案例
1	环向索整体提升施工技术	索承网格结构	采用液压提升装置同步对称提升各垂直吊点的方式，将整个环索结构体系自展至环位置连接位置。并采用环向张拉式水平约束来进行水平牵引，使形式提升环向索体在索夹部位在垂直方向及水平方向达到平衡，确保提升平稳	优点： 1）在径向索与索同步对称提升至环索结构处设置外张拉水平约束点，克服索体挠度变形引起的内摆问题，避免索体触碰既有胎架； 2）解决了分段提升的高空对接问题，提升过程平稳、可靠、便捷、高效； 3）索体对称完成提升，使整体结构及胎架承担的反力对称，利于结构安全及工期均有保障	在索承网格结构施工中可大幅减少胎架占用界面时间，缩短施工总周期	郑州奥体中心
2	液压同步整体提升施工	桁架结构、空中连廊	采用液压同步提升系统对大跨整体钢桁架结构进行地面拼装，整体同步提升，提升就位后安装、整体桁架嵌补杆件	1）对大跨度桁架结构整体采用液压同步提升，自动化程度高、同步质量好、安全性好，能够减少高空作业量、又能保证面积不受限制，且只需高空安装精度，提升部分的地面拼装、整体提升可与其余部分分平行作业，能够有效缩短工期；提升时有效利用了现场施工工作面，无分利用了现场施工工期组织； 2）液压提升设备设施体积、质量较小，机动能力强、倒运和安装、拆除方便	可以减少拼装胎架和支撑系统所需的扩展组合，通过提升设备的扩展组合，既能够有效保证高空装配所需胎架用量；另外，该方法可以明显减少少汽车起重机使用台班数量和对其他专业的施工影响，减少了高空吊装装和焊接，保证了拼装精度和施工工作面，缩短整体施工工期	郑州奥体中心、蚌埠体育中心
3	累积滑移施工技术	桁架结构、网架结构	根据混凝土和网架结构特点，设置滑移轨道；建立以滑靴为基准点设置发射状滑移撑杆，与网架形成超静定结构受力体系；根据土建结构的特点，在一侧结构可调节的装配式铺操作平台，从而合理划分滑移单元	采用液压顶推累积滑移等新技术应用，将高空作业调整降低空组装，安全性高，大大提高施工效率和施工工期，节约工期，降低成本	累积滑移法将减少大型吊车的使用及对其他专业施工影响，避免了90%高空吊装和焊接，保证空吊装作业安全，操作平台搭设提前介入，可大幅缩短工期	—

续表

序号	方案名称	适用条件	技术特点	高效建造优缺点	工期／成本	工程案例
4	索支弯顶结构施工技术	索支弯顶结构	钢结构安装总体上分为网架及钢拉环两部分：网架部分包含屋盖网架、外立面钢柱、看台板柱以及柱间钢索；网架部分下设临时支撑架；索弯顶钢拉环采用地面拼装，带索整体提升法施工	通过分块吊装、带索整体提升法、内拉力环提升法的综合应用，解决索支弯顶结构施工的难题，保障施工总工期	该结构形式下最优施工方案	凤凰山体育中心
5	膜结构空中滑移施工技术	膜结构	成品膜在地面预张拉工装布置进行补偿值地面预张拉，张拉完成后进行单元膜地面组装，采用同步提升对单元膜整体提升至设计位置安装，整体调整后张拉调整合合	通过对膜结构施工，可大幅节约施工穿插工期、减少施工投入，尽早为后续施工移交施工场地	该结构形式下最优施工方案	盘锦体育中心体育场
6	弯曲圆管钢桁架结构数字化检测与装配技术	桁架结构	对管桁架模块高空吊装的施工进行仿真模拟，并对钢算棚分区卸荷及合龙进行数字化检测，通过计算机辅助桁架模块三维建模，对桁架结构单元进行三维扫描并形成点云模型，与计算机放样样机放样桁架模型进行对比，复核其合理性	1）可以解决结构高度高、跨度大导致的预拼装精度控制要求高、场地及设备要求高的难题；2）完成部分构件的数字化预拼装，操作简便，针对性强，调节灵活，减少反复复调整的工作量，保证工期；3）施工技术合理、先进，施工工艺成熟可靠	在管桁架施工中有效节省了工期和成本，具有良好的技术、经济效益	黄石奥体中心

3.2.5　幕墙工程

幕墙工程施工技术选型见表 3.2-5。

幕墙工程施工技术选型

表 3.2-5

序号	名称	高效建造优缺点	工期成本	案例
1	明框玻璃幕墙	明框玻璃幕墙是金属框架构件显露在外表面的玻璃幕墙。它以特殊断面的铝合金型材为框架，玻璃面板全嵌入型材的凹槽内。其特点在于铝合金型材本身兼有骨架结构和固定玻璃的双重作用。明框玻璃幕墙是传统的形式，应用最广泛，工作性能可靠	—	蚌埠体育中心、湛江一场三馆、肇庆新区体育中心
2	隐框玻璃幕墙	将玻璃用硅酮结构密封胶粘结在铝框上，在大多数情况下，不再加金属连接件。立柱、横梁、玻璃板材现场逐件安装，安装方便，调整容易。施工简便，工艺流程清晰易懂，操作工人易于掌握，但对管理者的专业技能和统筹能力要求较高	—	武汉东西湖体育中心
3	半隐框玻璃幕墙	半隐框玻璃幕墙分横隐竖不隐或竖隐横不隐两种。不论哪种半隐框幕墙，均为一边用结构胶粘结成玻璃装配组件，而另一对应边采用铝合金镶嵌槽玻璃装配的方法。玻璃所受的各种荷载，有一边由结构胶传给铝合金框架，而另一对应边由铝合金型材镶嵌槽传给铝合金框架	—	肇庆新区体育中心、汕头大学东校区暨亚青会场馆（一期）
4	开槽式干挂石材幕墙	通过专业的开槽设备，在石材棱边精确加工成一条凹槽，将挂件扣入槽中，通过连接件将瓷板固定在龙骨上	—	苏州体育中心、郑州奥体中心、西安奥体中心主体育场、深圳宝安体育场
5	背栓式干挂石材幕墙	通过专业的开孔设备，在瓷板背面精确加工为里面大、外面小的锥形圆孔，把锚栓植入孔中，拧入螺杆，使锚栓底部完全展开，与锥形孔相吻合，形成一个无应力的凸型结合，通过连接件将石材固定在龙骨上		
6	铝板幕墙	铝板幕墙在金属幕墙中占主导地位，轻量化的材质，可减少建筑的负荷，为高层建筑提供了良好的选择条件；防水、防污、防腐蚀性能优良；加工、运输、安装施工等比较容易实施；色彩具有多样性，可以组合加工成不同的外观形状；较高的性能价格比，易于维护，使用寿命长	—	郑州奥体中心、苏州体育中心、武汉东西湖体育中心、西安奥体中心主体育场

注：1. 深化设计必须提前，在进行幕墙深化设计之前，协助专业分包单位提供与之有关的基础条件，使其在设计时考虑周全，避免设计缺陷。深化设计完成节点不得影响预留预埋工作。

2. 深化设计工作需联合多家专业单位，如钢结构、精装修、金属屋面、屋面虹吸排水、体育工艺等，防止不同专业存在冲突，影响工期。

3. 审核合格的深化设计图纸，交发包方/监理单位/设计单位审批，并按照反馈回来的审批意见，责成幕墙分包单位进行设计修改，直至审批合格。

4. 幕墙招标时，附带提供土建结构施工进度计划及外脚手架搭拆时间安排，作为投标单位编制幕墙施工进度计划和安排脚手架的参考依据；充分考虑机械设备搭配脚手架的使用，敞开式大空间考虑选用垂直式升降机、曲臂车及蜘蛛式曲臂车（质量轻，应用于二层平台进行高空悬挑作业）。

5. 幕墙单位进场时，需提交幕墙深化设计详图（包括加工图），以便玻璃及金属幕墙能提前加工。

6. 土建施工时，幕墙单位需根据图纸安装幕墙预埋件，确保不影响主体结构施工进度。

3.2.6　非承重墙工程

非承重墙工程施工技术选型见表3.2-6。

非承重墙工程施工技术选型　　　　　　　　　表3.2-6

序号	名称	适用条件	高效建造优缺点	工期/成本	案例
1	蒸压加气混凝土砌块墙	适用于各类建筑地面（±0.000）以上的内外填充墙和地面以下的内填充墙	1）湿作业施工； 2）产品规格多，可锯、刨、钻； 3）体积较大，施工速度快捷； 4）部分区域蒸压砂加气混凝土砌块可代替部分外墙保温	泥瓦工平均施工3m³/（天·人），按200mm墙厚，施工15m²/（天·人）	西安奥体中心、郑州奥体中心、武汉东西湖体育中心、黄石奥体中心、苏州体育中心、深圳宝安体育场、深圳大运中心体育场、云浮市体育场、肇庆新区体育中心、惠州市中心体育场、广西体育中心、湛江第十四届省运会主场馆、蚌埠市体育中心
2	轻质隔墙	质量轻、强度高、多重环保、保温隔热、隔声、呼吸调湿、防火、快速施工、降低墙体成本等。通常分为GRC轻质隔墙板（玻璃纤维增强水泥）、GM板（硅镁板）、陶粒板、石膏板	1）干作业、装配式施工； 2）运输简洁、堆放卫生，无需砂浆抹灰，大大缩短工期； 3）材料损耗率低，减少建筑垃圾	一般3人一组，按常用的120mm墙厚，可施工30~50m²/（组·人）。（施工速度与工作面条件有关，在大面墙体施工时优势明显）	内江体育中心
3	轻钢龙骨石膏板隔墙	质量轻、强度较高、耐火性好、通用性强且安装简易，有防震、防尘、隔声、吸声、恒温等功效，同时还具有工期短、施工简便、不易变形等优点	1）通用性强； 2）施工简单便捷； 3）劳动强度低； 4）施工进度快，适用于工期紧张的情况	一般2人一组，每天可施工30~40m²；平均施工15~20m²/（天·人）	郑州奥体中心

3.2.7　机电工程

1. 非金属复合风管应用

非金属复合风管应用选型见表3.2-7。

非金属复合风管应用选型　　　　　　　　　表3.2-7

序号	材质名称	适用条件	技术特点	高效建造优缺点	工期/成本	工程案例
1	机制玻镁复合风管	防排烟系统风管	风管板材+铝合金插条连接	优点：防排烟风管无需二次保温，简化工序；干冷和潮湿天气性能稳固，不受凝结水珠和潮湿空气的影响，耐久性高，使用寿命长；复合风管内部蜂窝状结构有一定的消声性能；体育场明装弧形区域风管观感好。	施工快，成本比镀锌钢板低	郑州奥体中心

续表

序号	材质名称	适用条件	技术特点	高效建造优缺点	工期/成本	工程案例
1	机制玻镁复合风管	防排烟系统风管	风管板材+铝合金插条连接	缺点：专业交叉施工易造成成品破坏；材料验收要求高，质量较差的玻镁板容易返卤；异形件制作工艺要求高，漏风量控制较难，易碎，不能碰撞，污染后风管难清理	施工快，成本比镀锌钢板低	郑州奥体中心
2	单面彩钢板酚醛复合风管	非消防及空调风管	风管板材+PVC/断桥铝插条连接	优点：空调系统无需二次保温，现场制作方便快捷，可简化施工工序，对吊装要求低，施工效率高，施工周期短；密封好，质量轻，空调输送空气品质好；外彩钢板整洁美观，观感质量优于铁皮风管+保温。 缺点：风管质轻，非刚性材质，易造成成品破坏；复合材料材质验收要求高；施工技术要求高，中间保温层在施工中应注意保护不应外露，否则易起尘、掉沫；不能用于洁净空调系统、酸碱空调系统	施工快，成本比镀锌钢板低	郑州奥体中心、蚌埠体育中心
3	金属风管+保温	通风及空调系统	风管板材+共板/角钢法兰连接+二次保温	优点：风管可采用自动化生产线批量生产，减少人工投入，风管内壁光滑，阻力小，气密性好，承压强度高。 缺点：风管需要外保温施工，潮湿环境镀锌层易腐蚀，外保温易脱落，无消声性能，需要加装消声器，热系数大，安装效率低，人工成本高	施工慢，镀锌钢板+保温成本比非金属复合风管高	黄石奥体中心、苏州体育中心、青岛市民健身中心

2. 弧形管道制作工艺

弧形管道制作工艺选型见表3.2-8。

弧形管道制作工艺选型 表3.2-8

序号	工艺名称	适用条件	技术特点	高效建造优缺点	工期/成本	工程案例
1	机械制弧	给水、消防及喷淋、空调水系统	制弧机制作弧形管道	优点：管道成型质量可控，可机械化批量生产。管道安装整体弧度均匀，与建筑造型相匹配，成排管线观感好。 缺点：只适用于钢管材质，并且钢管表面油漆或镀锌层有一定程度破坏，需二次修复	施工快、成本较高	郑州奥体中心、蚌埠体育中心、苏州工业园区体育中心
2	人工煨弯	给水、消防及喷淋、空调水系统	人工揻弯制作弧形管道	优点：适用所有管材，初投入低，管道面层破坏小，二次修复量小。 缺点：管道成型质量及管道弧度误差不可控，人工投入大	施工慢、成本高	青岛市民健身中心、河北奥体中心
3	直管段分解+小弧度管件拼接	给水、消防及喷淋系统	折线管段拼凑+管件卡箍连接	优点：管道无需二次预制加工，操作简单。 缺点：折线管道安装效果不美观，管件使用量大，增加漏水隐患	施工较慢、成本比人工揻弯低	广西体育中心
4	直管段切割分解	空调水系统（焊接工艺管道）	直管段切割+小角度揻弯焊接	优点：管道切割并作小角度焊接，工艺简单，管壁无伸张，后期运行无安全隐患。 缺点：管道切割、焊接作业量大	施工较慢、成本比人工揻弯低	郑州奥体中心、青岛市民健身中心

3. 焊接机器人应用

焊接机器人与人工焊接对比见表 3.2-9。

焊接机器人与人工焊接对比　　　　　　　表 3.2-9

序号	工艺名称	适用条件	技术特点	高效建造优缺点	工期/成本	工程案例
1	焊接机器人	足够的操作空间	自动识别与传感+信息采集处理+自动控制+焊接工艺	优点：节约人工，生产效率高，焊接质量好、稳定性强；作业环境要求低，施工安全；可持续作业。缺点：设备投入大；操作空间有要求，机器人编程耗时，不易形成流水作业	施工快、机械成本高	郑州奥体中心（制冷机房工程）
2	人工焊接	非有害环境	人工+焊机	优点：操作空间受限少，人工焊接更灵活，焊接可随时调整。缺点：焊接质量不可控，焊接产生有害的电弧光和烟气，效率低	施工慢、人工成本高	普遍

4. 给水系统管道材质选型

给水排水管道材质选型见表 3.2-10。

给水排水管道材质选型　　　　　　　表 3.2-10

序号	材质名称	适用条件	技术特点	高效建造优缺点	工期/成本	工程案例
1	衬塑复合钢管	给水系统	衬塑复合钢管+卡箍连接	优点：强度高、管内不易结垢、耐腐蚀、内壁光滑、不易滋生微生物、卡箍连接工艺简单、安装效率高、免焊无污染、维护方便。缺点：安装难度大、卡箍用量大、支架设置多、成本高	施工慢、成本低	郑州奥体中心、蚌埠体育中心
2	不锈钢水管		不锈钢管+不锈钢管件卡压连接	优点：耐腐蚀性强、管内壁光滑且质量轻、节约材料、施工方便。缺点：管壁薄、卡压要求高、管件损耗大、价格高、维护拆卸难	施工较快、成本高	广西体育中心、苏州体育中心、黄石体育中心、武汉东西湖体育中心
3	AGR给水管		AGR给水管+管件粘结	优点：刚性好、耐腐蚀、寿命长、抗震性能好、工艺简单、管材管件粘结强度高、安装方便快捷环保。缺点：专用胶粘结，不耐高压	施工快、成本较高	青岛市民健身中心

5. 机电装配式机房模块化施工技术

机电装配式机房模块化施工技术选型见表 3.2-11。

机电装配式机房模块化施工技术选型   表 3.2-11

序号	工艺名称	适用条件	技术特点	高效建造优缺点	工期、成本	工程案例
1	装配式机房模块化安装	工期紧,制冷换热机房或能源中心	BIM+工厂化预装配式安装	优点:预制模块质量高、组装效率高、人工少、电焊少、不动火、材料损耗少、节约现场场地、缩短施工工期,符合绿色建造要求。 缺点:模块及机械加工精度的装配图耗时长,前期现场测量精度要求高,模块单元体积大、运输困难,不可变更	施工快、成本高	郑州奥体中心
2	机房传统工艺安装	工期长	现场制作加工+安装	优点:可大面积展开;管道安装不受吊装顺序限制;局部安装错误不影响其他部位施工。 缺点:大量动火,人工耗量大、废料多,材料损耗大,返工多,效率低,现场制作加工,质量不统一	施工慢、成本较高	广西体育中心

3.2.8 装饰装修工程

1. 精装修设计方案流程图

精装修设计方案流程见图 3.2-1。

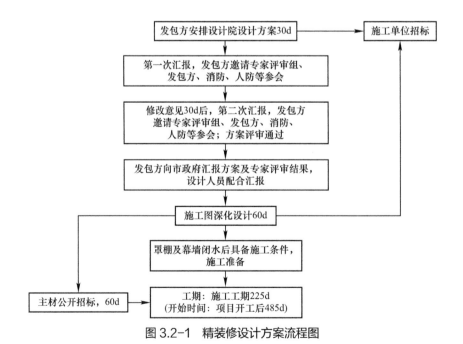

图 3.2-1　精装修设计方案流程图

2. 装饰装修工程关键技术

装饰装修工程关键技术见表 3.2-12。

装饰装修工程关键技术   表 3.2-12

序号	名称	适用条件	技术特点	高效建造优缺点	工期、成本	工程案例
1	墙面定制饰面板	贵宾区、贵宾大厅墙面	饰面板+铝方管龙骨	优点：按工程现场设计的尺寸、形状和构造形式经过数控折弯等技术成型，其表面转印木纹或粘绒布等，在工厂内通过精加工作业进行生产；满足装饰吸声、设计等效果；质量观感效果较好，后期运营易维护。 缺点：局部破坏、划痕不易修复，需整块更换	施工快，成本比现场做木基层板+油漆成本低	郑州奥体中心、武汉东西湖体育中心
2	板块面层吊顶	贵宾区、贵宾大厅吊顶	饰面板+轻钢龙骨及配套挂件	优点：复合铝板艺术造型多样，穿孔雕花、花格、纹理、吸声等可塑性强，模块化、标准化安装程度高，采用轻钢龙骨系统及工厂配套挂件，施工效率高。 缺点：铝材造型，非刚性材质，易造成成品破坏	施工快，成本比石膏板高	郑州奥体中心、武汉东西湖体育中心
3	异形卫生间优化	贵宾区、看台板区弧形、扇形卫生间砌体墙	砌块、ALC墙设计优化变更	优点：卫生间讲究墙顶地对缝，但是体育场馆弧形、扇形空间难以实现；在土建砌体施工前，会同参建单位一起进行设计优化，将弧形、扇形卫生间的墙体微调成矩形；并与安装单位联动起来，将地漏、台盆下水管等点位重新排布，力争墙顶地排板效果整体统一。 缺点：建筑、水电专业的点位图纸需要调整	满足墙顶地对缝效果，施工快、成本低	黄石奥体中心、武汉东西湖体育中心
4	条形铝格栅吊顶	看台板区，罩棚下高大、异形空间吊顶	方管氟碳喷涂铝型材+钢龙骨	优点：高大空间施工作业效率高，施工工序少。外表氟碳喷涂铝格栅具有通风，透气，其线条明快整齐，层次分明，观感质量优于板材+造型，后期维修少，整体品质好。 缺点：条形铝格栅型材适合规律性排布，不易设计造型	施工快，成本比板材吊顶低	郑州奥体中心、蚌埠体育中心
5	弧形墙面钢钙板	看台板区，疏散平台弧形墙面	钢钙板块材+镀锌方钢管龙骨	优点：墙面不裂、不变形；材质耐撞击、耐污染性好、可擦洗，适合人流量多的公共区域墙面，颜色具有可选性；工厂化生产，模块化施工，施工便捷，观感质量好。 缺点：局部破坏、划痕现场无法维修，需整块更换	施工效率高，成本比保温+抗裂砂浆抹灰+面漆的人工费低	郑州奥体中心
6	一体化地面	贵宾区、运动员区，弧形走廊地面	地面垫层+铝合金插条连接	优点：是以彩色石英砂和组成的无缝一体化的新型复合装饰地坪，具有装饰质感优雅、耐磨损、耐抗压、耐腐蚀、防滑、防火、防水等优点；地面垫层平整度要求高，整体效果好。 缺点：专业交叉施工易造成成品破坏，维修时易有色差	施工快、损耗小；成本比镶贴瓷砖低	郑州奥体中心、蚌埠体育中心

3. 精装修区域划分

精装修区域划分见表 3.2-13。

精装修区域划分 表 3.2-13

区域	部位	设计方案确认
贵宾区	贵宾接待室、贵宾休息室、贵宾 VIP 间	大型体育场馆一般是重点项目，不同地域项目主管部门不同，最终确定方案的部门不一。
贵宾大厅	贵宾前厅、贵宾接待厅、电梯厅、卫生间	设计方案由发包方邀请专家评审组等召开评审会，并出具评审结果，再报相关主要部门确定，过程耗时较长
看台板区	主席台、VIP 看台板	
其他区域	运动员门厅、运动员及教练区、运动员更衣、淋浴及卫生间、新闻媒体区、安全保卫区	

3.2.9 智能化工程

1. 视频监控电动牵引电缆敷设技术

视频监控电动牵引电缆敷设技术见表 3.2-14。

视频监控电动牵引电缆敷设技术 表 3.2-14

序号	材料名称	适用条件	技术特点	高效建造优缺点	工期/成本	工程案例
1	桥架内滚轴、滑轮、卷扬机、摄像头	弱电线缆布线	通过电动机机械牵引＋摄像头监控	优点： 1）通过卷扬机牵引，无需大量人力，体育场层高较高，可以保证穿线效率、降低安全事故发生率； 2）安装摄像机能够监视穿线全过程，防止意外发生；同时有效防止偷盗现象发生。 缺点： 1）需要电脑操作，对工人的操作水平要求较高； 2）穿线过程中速度控制不方便	施工快，成本比人工穿线低	郑州奥体中心

2. 弱电线缆穿线规划方案

弱电线缆穿线规划方案见表 3.2-15。

弱电线缆穿线规划方案 表 3.2-15

序号	材料名称	适用条件	技术特点	高效建造优缺点	工期/成本	工程案例
1	弱电线缆	线缆敷设	通过精细算量＋规划配比提高弱电线缆穿线效率	优点： 1）通过将综合布线、视频监控系统网线敷设各点位编号，根据已编号的综合布线、视频监控平面图、桥架排布图、弱电间大样图、建筑结构图等确定所需线缆的水平、竖直长度，以及相关预留长度，进行精细化算量； 2）六类非屏蔽双绞线标准规格为305m，光纤1000m，通过凑整规划，将要整合的区域用不同颜色在表格中标注，穿线时严格按照此规定进行施工，能够有效提高穿线效率； 3）其他弱电系统诸如门禁、楼控、入侵系统同理，按照综合计算后由远及近的顺序，依次进行线缆敷设。 缺点： 对前期计算精度要求较高	施工快，成本比未经规划时节省	郑州奥体中心、广西体育中心

3. 设备预安装

设备预安装见表 3.2-16。

设备预安装 表 3.2-16

序号	材料名称	适用条件	技术特点	高效建造优缺点	工期/成本	工程案例
1	DDC 箱体、DDC 箱体配件	设备安装	定制的设备如需提前配盘，DDC箱体提前进行配盘安装	优点：DDC 箱体进场前进行箱体配盘，保证质量、提高效率。 缺点：对前期的输入输出点数需有精准计算，若前期有疏漏则存在点位不足造成的箱体内空间不足、不能继续增配等问题	施工快，成本比未经规划时节省	郑州奥体中心、青岛市民健身中心

4. 系统模拟调试

系统模拟调试见表 3.2-17。

系统模拟调试 表 3.2-17

序号	材料名称	适用条件	技术特点	高效建造优缺点	工期/成本	工程案例
1	交换机、调试电脑、工作站、服务器	系统调试	在系统正式调试之前，先将系统软件架构搭设及点位录入制作完成，再制作成镜像文件拷入各系统工作站	优点： 1）在楼层接入交换机安装于弱电间之前，首先进行各交换机的系统软件配置，避免去各弱电间单独调试引起工期延长； 2）在调试电脑中进行各系统的软件架构搭建以及前端点位、后端管理设备的所有信息的录入工作。待相关信息录入完成后，刻录成镜像光盘，等系统进入调试阶段时再将镜像光盘内的内容拷贝至各系统工作站及服务器中，减少大量后期调试时间，缩短工期。 缺点： 需做好前期各系统点位信息规划	施工快，成本比未经规划时节省	郑州奥体中心、青岛市民健身中心

5. 弱电井机柜及设备的预装配技术

弱电井机柜及设备预装配技术见表 3.2-18。

6. 智能化前期策划对其他专业的前期提资要求

1）方案要点描述

智能化专业与机电专业交叉较多，尤其是体育场项目，机电专业系统多而杂，且都有与智能化系统集成、联动的相关要求。对各专业的提资提前策划，以免耽误工期。

2）具体要求

见表 3.2-19。

弱电井机柜及设备预装配技术 表 3.2-18

序号	材料名称	适用条件	技术特点	高效建造优缺点	工期/成本	工程案例
1	弱电机柜、光纤配线架、理线架、数据配线架、交换机、PDU	机柜安装	在弱电间机柜现场安装前，首先将机柜内的各类配件、设备排布安装，进场后直接将机柜安装于相应位置即可	优点： 1）前期进行安装施工，大量节省后期现场安装时间； 2）机柜内设备由专业厂家进行安装，相较于现场工人操作，安装质量及美观度显著提高。 缺点： 前期机柜排布需精确，若计算失误可能导致机柜内设备位置全部重新排布，甚至导致机柜空间不足	施工快，比未经规划时节省成本	郑州奥体中心、青岛市民健身中心

智能化前期策划对其他专业的前期提资要求 表 3.2-19

序号	智能化系统	针对专业系统	内容	图示
1	建筑设备监控系统	机电专业	针对空调风机、水泵接入楼控系统所要求手自动状态、运行状态、故障报警、启停控制、变频控制等不同接口要求，对机电专业提出相关配电箱的二次原理图的接线要求	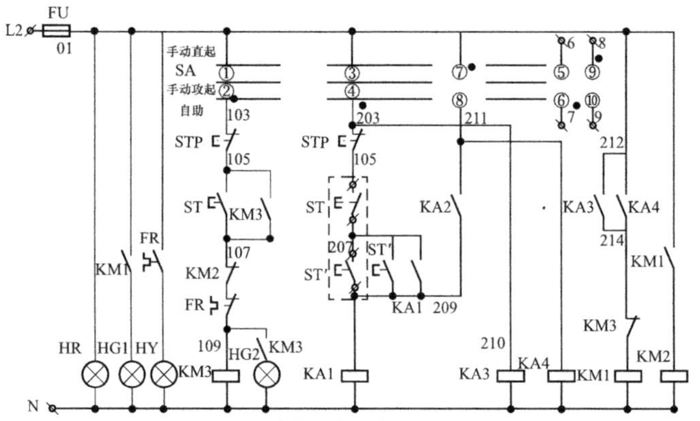 变频风机二次原理图 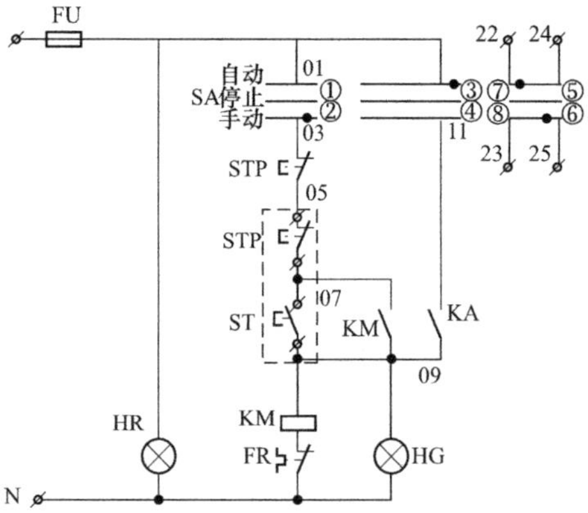 非变频风机二次原理图

序号	智能化系统	针对专业系统	内容	图示
1	建筑设备监控系统	机电专业	针对空调风机、水泵接入楼控系统所要求手自动状态、运行状态、故障报警、启停控制、变频控制等不同接口要求，对机电专业提出相关配电箱的二次原理图的接线要求	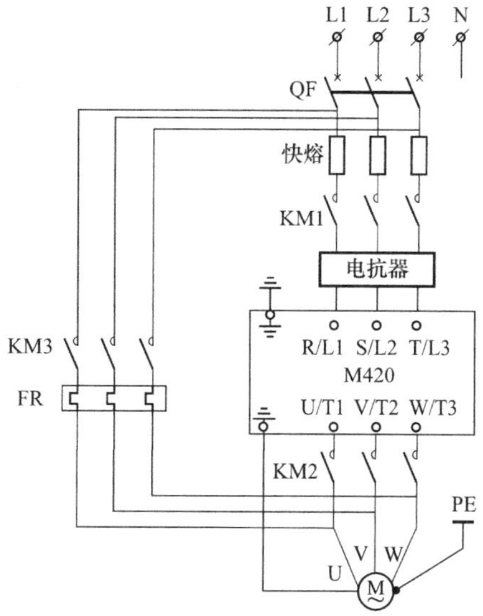 非变频水泵二次原理图
2	建筑设备监控系统	机电专业	针对机电专业的变配电系统、冷热源系统、电梯系统、智能照明系统、场馆照明系统等需集成进楼控的系统，提前向厂家提出通信接口的要求，须确定接口协议（例如 BACnet、Modbus 等），确定通信方式（例如 TCP/IP、485 等），需提供完整的地址对应表，及通信参数（例如波特率、数据位、有无校验等）。具体协议根据相关厂家而定，且无偿向楼宇自控集成方开放	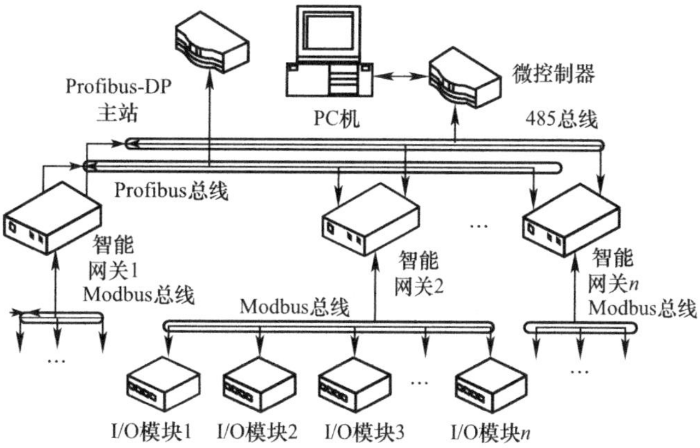 BACnet 协议通信架构 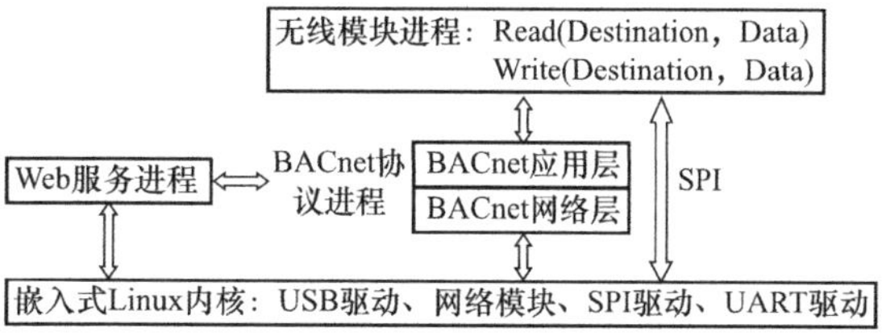 Modbus 协议通信架构

续表

序号	智能化系统	针对专业系统	内容	图示
3	建筑设备监控系统	机电专业	针对空调机组和新风机的电动调节阀和风阀，新风机和空调机组的新风阀、回风阀和排风阀的风阀转动轴直径预留应不小于10mm，并超出阀体长度应大于100mm，预留给BA的电动风阀执行器安装使用。对于冷热源系统的冷冻蝶阀、冷却蝶阀及电动转换蝶阀。切换蝶阀需要配相关的电控箱（包括手自动转换开关）；冷机的冷冻阀和冷却阀需要缓慢型蝶阀，并需要配相关的电控箱。在电控箱设置楼宇自控所需要的BA接点	
4	智能化集成系统	智能化其他系统	确认品牌阶段，把所需集成系统的相关要求在招标清单中明确，如视频监控、出入口控制、入侵报警、停车场管理、公共信息发布等要求集成系统提供开放协议接口及相应开发包	
5	出入口控制、广播、停车场管理等系统	消防系统	智能化各系统中的出入口控制、广播、停车场管理等系统都需要与消防系统进行联动，在消防品牌设备招标前就要明确消防信号能否接入以及接入方式	

3.2.10 体育工艺工程

常用体育工艺见表3.2-20。

常用体育工艺   3.2-20

序号	名称	适用条件	高效建造优缺点	工期、成本	案例
1	砖砌排水沟工程	适用于各类场地	砖砌排水沟：工期短、造价相对低、容易塑造各种类型的排水沟	每人每天可施工5m左右	深圳大运中心体育场、云浮市体育场、肇庆新区体育中心、湛江第十四届省运会主场馆
2	足球场基层铺设	一般为3:7灰土层+碎石灰土层+沥青层	适应全国各类型气候场地，施工工序简单，承载力能够达到使用要求	主要为机械施工，人工配合	深圳大运中心体育场、云浮市体育场、肇庆新区体育中心、湛江第十四届省运会主场馆
3	体育场、训练场田径场及室外运动场基层	一般为3:7灰土层+碎石层+水稳层+沥青层	适应全国各类型气候场地，施工工序简单，承载力能够达到使用要求	主要为机械施工，人工配合	深圳大运中心体育场、云浮市体育场、肇庆新区体育中心、湛江第十四届省运会主场馆
4	训练场、主场田径场跑道及辅助区，室外运动场面层、围网安装	田径跑道一般为透气型塑胶场地；篮球场、排球场等一般为硅PU塑胶；网球场等一般为丙烯酸塑胶	适应全国各类型气候场地，施工工序复杂，施工期间对于气候要求高，施工期间不能有雨水、大雾等天气	主要为人工配料，人工分层摊铺，工期时间长	深圳大运中心体育场、云浮市体育场、肇庆新区体育中心、湛江第十四届省运会主场馆

续表

序号	名称	适用条件	高效建造优缺点	工期、成本	案例
5	天然草坪	更多用于春、夏季时间比较长的地区	天然草坪对基础含肥要求比较高，成型后养护要求高，很难连续使用，优点是弹性好，使用过程舒适	主要为人工施工，人工一根根种草，然后覆砂固定后养护	深圳大运中心体育场、云浮市体育场、肇庆新区体育中心、湛江第十四届省运会主场馆
6	木地板安装	主要用于篮球场地，一般分枫木、柞木、枫桦木。南方多使用枫木	施工难度高，施工过程中需时刻注意平整度，对地基平整度要求高，需防潮，一般摊铺完成后刷面漆	主要为人工摊铺，过程中需时刻注意平整度	深圳大运中心体育场、云浮市体育场、肇庆新区体育中心、湛江第十四届省运会主场馆
7	信息显示及控制系统	一般分室内与室外两种LED显示屏	主要为小型LED显示屏组合而成，对施工人员技术要求高，过程中需注意保护	主要为技术工种，一般由厂家指导安装，成本高	深圳大运中心体育场、肇庆新区体育中心、湛江第十四届省运会主场馆
8	场地扩声系统	适用于各类场地	主要施工于马道上面，对音响放置角度要求高，需达到每个场地的标准要求	主要为技术工种，一般由厂家指导安装，成本高	深圳大运中心体育场、肇庆新区体育中心、湛江第十四届省运会主场馆
9	场地照明及控制系统	适用于各类场地	主要施工于马道上面，对放置角度要求高，需达到每个场地的标准要求	主要为技术工种，一般由厂家指导安装，成本高	深圳大运中心体育场、肇庆新区体育中心、湛江第十四届省运会主场馆
10	计时计分及现场成绩处理系统	适用于各类场地	主要为比赛服务，更符合国家对于体育比赛的智能化的要求	主要为技术工种，一般由厂家指导安装，成本高	深圳大运中心体育场、肇庆新区体育中心、湛江第十四届省运会主场馆
11	竞赛技术统计系统	适用于各类场地	主要为比赛服务，更符合国家对于体育比赛的智能化的要求	主要为技术工种，一般由厂家指导安装，成本高	深圳大运中心体育场、肇庆新区体育中心、湛江第十四届省运会主场馆
12	影像采集及回放系统	适用于各类场地	主要为比赛服务，更符合国家对于体育比赛的智能化的要求	主要为技术工种，一般由厂家指导安装，成本高	深圳大运中心体育场、肇庆新区体育中心、湛江第十四届省运会主场馆
13	售检票系统	适用于各类场地	主要为比赛服务，更符合国家对于体育比赛的智能化的要求	主要为技术工种，一般由厂家指导安装，成本高	深圳大运中心体育场、肇庆新区体育中心、湛江第十四届省运会主场馆
14	网络转播和现场评论系统	适用于各类场地	主要为比赛服务，更符合国家对于体育比赛的智能化的要求	主要为技术工种，一般由厂家指导安装，成本高	深圳大运中心体育场、肇庆新区体育中心、湛江第十四届省运会主场馆
15	标准时钟系统	适用于各类场地	主要为比赛服务，更符合国家对于体育比赛的智能化的要求	主要为技术工种，一般由厂家指导安装，成本高	深圳大运中心体育场、肇庆新区体育中心、湛江第十四届省运会主场馆
16	升旗控制系统	适用于各类场地	主要为比赛服务，更符合国家对于体育比赛的智能化的要求	主要为技术工种，一般由厂家指导安装，成本高	深圳大运中心体育场、肇庆新区体育中心、湛江第十四届省运会主场馆

序号	名称	适用条件	高效建造优缺点	工期、成本	案例
17	比赛设备集成系统	适用于各类场地	主要为比赛服务，更符合国家对于体育比赛的智能化的要求	主要为技术工种，一般由厂家指导安装，成本高	深圳大运中心体育场、肇庆新区体育中心、湛江第十四届省运会主场馆
18	座椅	适用于各类场地	主要为场馆服务，一般带支架，颜色和造型选择简单	主要为技术工种，一般由厂家指导安装，成本高	深圳大运中心体育场、云浮市体育场、肇庆新区体育中心、湛江第十四届省运会主场馆
19	喷灌	适用于各类场地	主要用于天然草坪的场地，目前基本为智能化控制	主要为人工施工，安装各类管道和阀门	深圳大运中心体育场、云浮市体育场、肇庆新区体育中心、湛江第十四届省运会主场馆
20	预制型全橡胶跑道	体育场跑道预制型全橡胶跑道无气味、无毒无害，施工快速，维护方便	高效建造优点： 1）施工速度快； 2）透气透水，养护方便； 3）无毒无害、绿色环保。 缺点：价格昂贵	工期非常短，成本高	蚌埠市体育中心、郑州奥体中心
21	足球场天然草坪	足球场选用运动型狗牙根。现场种植＋草径繁殖	高效建造优点： 1）施工速度快； 2）超强耐践踏、根系发达； 3）有弹性、覆盖率和再生性强，恢复快； 4）彻底去除春季死斑病，对蝼蚁有极强免疫性。 缺点： 1）生长周期长； 2）为暖季型，冬季枯萎	施工速度快，成本低	蚌埠市体育中心

3.3 资源配置

3.3.1 物资资源

体育场物资采购要结合工程位置和工程设计形式，及时快速地建立物资信息清单，通过整合公司内部资源和外部资源，获得材料的技术参数、价格信息并及时反馈至设计单位，设计单位根据物资采购信息进行整合选型，达到高效建造的目的。

专项物资信息见表3.3-1。

体育场项目物资信息表　表 3.3-1

序号	材料名称	材料数量	厂家	使用场馆名称
1	索	—	巨力索具	苏州奥体中心体育场、黄石奥体中心体育场
			广东坚朗	苏州奥体中心体育场、黄石奥体中心体育场
2	看台板座椅	4.6 万座	江苏金陵	蚌埠体育中心、苏州奥体中心体育场
3	球门	4 套	南京延明	蚌埠体育中心
4	预制看台板模板	260t	河北榆构建材有限公司	西安奥体中心
5	屋面膜	—	北京纽曼帝	苏州奥体中心体育场
6	屋面膜	—	上海太阳膜	苏州奥体中心体育场

3.3.2　设备资源

整合工程设备信息库，在设计过程中，根据参数筛选可供选用的设备，确保设备选型、品牌选择、设备采购、设备安装快速实现，设备信息见表 3.3-2。

体育场项目设备信息表　表 3.3-2

序号	材料名称	设备数量（台）	厂家名称	使用场馆名称
1	电梯	12	迅达（中国）电梯有限公司	苏州奥体中心体育场
2	空调	—	南京曼瑞德暖通设备有限公司	苏州奥体中心体育场
3	风冷净化式空调机组	8	南京天加环境科技有限公司	蚌埠体育中心
4	多联式空调机组室内机	133	珠海格力电器股份有限公司	蚌埠体育中心
5	多联式空调机组室外机	19	珠海格力电器股份有限公司	蚌埠体育中心
6	水泵	149	中国·良精集团有限公司	蚌埠体育中心
7	阀门	8	上海东方泵业（集团）有限公司	蚌埠体育中心

整合公司内部和外部施工机械设备，提前选定合适的施工机械，保证施工机械的快速就位，从而保证体育场的高效建造，施工机械设备信息见表 3.3-3。

施工机械设备信息表　表 3.3-3

序号	材料名称	机械型号	机械数量（台）	厂家名称	使用场馆名称
1	塔式起重机	ST7030	4	江苏中建达丰机械工程有限公司	苏州奥体中心体育场
2		TC6013	9	中联重科	蚌埠体育中心
3		STC7020	5	中联重科	西安奥体中心
4		T7020	2	中联重科	西安奥体中心
5	履带起重机	利勃海尔 LR1350/1	1	上海浦高工程（集团）有限公司	吴江区苏州湾体育中心
6		750t	1	—	蚌埠体育中心 黄石奥体中心体育场

续表

序号	材料名称	机械型号	机械数量（台）	厂家名称	使用场馆名称
7		400t	2	—	蚌埠体育中心 黄石奥体中心体育场
8		500t	2	中联重科	西安奥体中心
9		400t	1	辽宁抚挖重工	西安奥体中心
10		400t	1	利勃海尔	西安奥体中心
11	履带起重机	300t	1	—	蚌埠体育中心
12		260t	2	—	蚌埠体育中心
13		260t	—	中联重科	西安奥体中心
14		180t	1	—	蚌埠体育中心
15		150t	2	徐州重机	蚌埠体育中心 西安奥体中心
16	汽车起重机	300t	2	—	蚌埠体育中心

3.3.3 专业分包资源

选择劳务队伍时，优先考虑具有体育场/大型公建项目施工经验、配合好、能打硬仗的劳务队，同时也要考虑"就近原则"，在劳动力资源上能共享，随时能调度周边项目资源。

专业分包资源选择上，采用"先汇报后招标"的原则。邀请全国实力较强的专业分包单位，要求他们整合资源，在招标前进行施工及深化设计方案多轮次汇报。加强项目人员对专业性较强的专业的学习和理解，并对各家单位相关情况进行直观了解，为后期编制招标文件及选择优秀的专业分包单位打下基础。建立优质专业分包库，专业分包单位信息见表3.3-4。

体育场专业专包单位信息表　　　　　　　　　　表3.3-4

序号	专业工程名称	专业工程分包商名称	使用场馆名称
1	金属屋面	上海精锐金属建筑系统有限公司	蚌埠体育中心
		上海宝冶集团有限公司	黄石奥体中心
2	场地照明	江苏侨琪新能源科技有限公司	蚌埠体育中心
3	赛事场地	南京延明体育实业有限公司	蚌埠体育中心
4	座椅	江苏金陵体育器材股份有限公司	蚌埠体育中心
5	机电安装	中建八局第三建设有限公司安装分公司	蚌埠体育中心
6	钢结构	中建八局钢结构工程公司	蚌埠体育中心
		上海宝冶集团有限公司	黄石奥体中心
7		中建钢构有限公司	西安奥体中心

续表

序号	专业工程名称	专业工程分包商名称	使用场馆名称
8	幕墙	北京港源幕墙有限公司	蚌埠体育中心
9	室外工程	常州第二园林建设工程有限公司	蚌埠体育中心
10	赛事扩声赛事智能化	浙江大丰实业股份有限公司	蚌埠体育中心
11	标识标牌	深圳/广西赛特标识设计制作有限公司	深圳湾体育中心 武汉体育中心 合肥体育中心 邛崃体育中心 泉州体育中心 南昌奥体中心 广西体育中心 钦州体育中心 湛江体育中心 岑溪文体中心 梧州体育中心
12		江苏超凡标牌股份有限公司	蚌埠市体育中心
13	扩声	中建八局二公司智能分公司	西安奥体中心 杭州奥体中心 日照体育公园 成都金强国际赛事中心 日照奎山体育中心 青岛市民健身中心 广西体育中心 湖州吴兴文体中心 河北奥林匹克中心 深圳南山文体中心 山东大学体育馆
14	大屏	同上	同上
15	智能建筑	同上	同上
16		中建电子信息技术有限公司	蚌埠体育中心
17	屋面工程	中建二局安装工程有限公司	西安奥体中心
18	幕墙工程	北京江河幕墙系统工程有限公司	西安奥体中心
19	精装修工程	中建八局装饰工程有限公司	西安奥体中心
20		浙江省武林建筑装饰集团有限公司	西安奥体中心

3.4 信息化技术

3.4.1 信息化技术应用策划

项目开工后，应将项目信息化技术的应用策划作为项目整体策划的一项重要内容，与项目整体策划同步进行、同步实施、同步监督、同步考核。

策划内容主要包括组建信息化管理主责部门（或团队）、确定信息化应用的工作标准和目标，配置信息化应用所需软硬件设施，制定信息化应用的内容和实施计划，建立信息化应用过程的监督考核机制，统一信息化应用成果的提交和审核格式要求等。

3.4.2　信息化技术实施方案

1. 设计阶段

信息化管理团队需在设计阶段组织协调项目各专业人员基于 BIM 技术开展深（优）化工作，应充分考虑设计功能、物资采购、施工组织与运营维护等综合需求，进行统一协调，及时发现设计中存在的问题并提出优化建议及解决措施，以供发包及设计方参考，减少或避免项目在建造过程中出现的变更和调改。设计阶段信息化技术的应用见表 3.4-1。

设计阶段信息化技术的应用　　　　　　　　表 3.4-1

序号	工作名称	内容概述	工作要求	高效建造优缺点	工期、成本	工程案例
1	阶段性策划	编制设计阶段信息化应用策划书	策划书应包含深（优）化设计的内容、目标、时间安排、实现手段等	优点：明确了工作目标、标准、内容，为深（优）化提供指引	有利于工期和成本目标的实现	—
2	工作平台	搭建协同工作平台	需明确工作平台搭建的类型和标准，各方参与的方式与权限	优点：提高各专业协同工作效率。 缺点：平台类型众多，需要选择最适合本项目的平台	成本上有一定的投入，对工作效率有较大提升	—
3	模型建立	根据设计图纸分专业建立精细化各专业模型	专业模型应包括：土建结构、建筑、钢结构、预制看台板（如有）、装饰装修工程、机电安装工程（含场地扩声、场地照明、场地灌溉系统等）、幕墙工程、室外工程、体育工艺等	优点：通过模型的建立，可快速查找出图纸存在的问题，节省时间。 缺点：需要配置专业信息化管理人员和软硬件设备	成本上有一定的投入，为后续的信息化施工打下坚实基础	—
4	碰撞检查	根据建立的各专业模型进行碰撞检查	需要对所建模型进行各专业内和专业间碰撞检查，进一步查找图纸问题，并形成报告	优点：可以快速查找各专业图纸问题，并可以直观三维展示，为后续的深（优）化工作做准备。 缺点：需要配置专业信息化管理人员和软硬件设备	成本上有一定的投入，为后续的信息化施工打下坚实基础	—
5	深（优）化设计	对各专业进行深（优）化设计工作，并出图用于现场施工	根据碰撞报告，分析梳理出深（优）化工作内容，并与发包方、设计等沟通协同，制定出统一深（优）化的原则与方针，在深（优）化成果得到各方确认后，导出施工图	优点：通过深（优）化工作及时快速的解决问题，通过三维直观展示效果，并出图用于施工，真正实现所见即所得。 缺点：对专业间的协调要求较高	图纸设计深度是工期实现的关键因素，同时也是成本核算的重要依据	—

续表

序号	工作名称	内容概述	工作要求	高效建造优缺点	工期、成本	工程案例
6	建筑功能模拟	标识空间、使用功能深（优）化设计模拟	模拟内容主要包括：人流车流导向、观众疏散模拟、标识标牌与装饰装修的结合效果等	优点：设计效果可视化，完美契合设计意图。 确定：需要使用各类分析软件，专业性强	可以有效提高项目功能的完成度	—
7	成果确认	模型、施工图纸的确认	分阶段、分专业向发包方、设计提交模型，确认后进行二维图纸的转化、审核和审批	优点：避免了工作的往复，提高了图纸审核效率	能有效缩短图纸的审核周期，为尽早施工创造条件	—

2. 施工阶段

编制施工阶段信息化技术实施策划书，确定具体的信息化应用的范围、类型以及预期目标，应用范围涵盖施工过程的人、机、料、法、环等各个方面（根据项目类型确定应用的具体范围）。施工阶段信息化技术的应用见表3.4-2。

施工阶段信息化技术的应用 表3.4-2

序号	工作名称	内容概述	工作要求	高效建造优缺点	工期、成本	工程案例
1	阶段性策划	编制施工阶段信息化应用实施策划书	策划书应包括施工阶段应用的内容、目标、时间安排、实现手段等	优点：明确工作目标和工作标准	有利于工期和成本目标的实现	—
2	施组（方案）管理	针对施工组织设计等（方案）进行信息化应用策划、编制与实施	利用BIM+VR/AR、BIM+3D打印等技术对重大方案进行施工模拟分析，主要包括：结构结算分析、施工工况模拟、施工工序安排模拟、可视化交底等	优点：能够提高方案的可行性、合理性和适用性。 缺点：对方案编制人员和信息化技术人员的协同度要求较高	有利于工期和成本目标的实现	—
3	平面管理	现场平面管理与协调	利用信息化技术模拟平面布置的合理性、高效性、节约性，同时在不同施工阶段达到实时监控、统一管理、动态调整的目标	优点：有效提升大型项目现场平面管理水平。 缺点：需对项目所有专业实施的平面需求有较深的理解和认识	有助于项目工期的实现，有效降低现场平面管理成本的投入	—
4	进度管理	进度管理	建立可视化的4D工期模型，贯彻进度管理的策划、实施、反馈、优化与调整等各个过程	优点：工期管理可视化，有效识别工期的影响因素，以确定下一步管理工作的重点	利于工期目标实现	—
5	质量管理	质量管理	搭建质量管理信息平台，将试验室数据、实测实量数据、质量行为记录等统一传输至平台，进行大数据的分析与对比	优点：项目质量管理相关数据自动收集，有效识别质量影响因素，确定下一步管理工作重点	能够有效协调工期与质量的统一	—

序号	工作名称	内容概述	工作要求	高效建造优缺点	工期、成本	工程案例
6	安全文明施工管理	安全文明施工管理	搭建塔式起重机、升降机、履带起重机等大型机械的运行数据信息监控平台；对重大危险源施工过程进行信息化监控等；对噪声、天气、扬尘等信息实时传输与监控	优点：提高现场施工数据收集效率，为工作实施提供数据支撑。缺点：软硬件类型错综复杂，标准参差不一	成本上有一定的投入，能够有效协调工期与安全的统一	—
7	专业穿插与协调	专业和工序的穿插与协调模拟	各专业和工序实施前，利用信息化手段提前进行穿插与协调的策划，主要包括：主体结构施工预留预埋的准确性、钢结构与土建的穿插作业、装饰装修与机电安装的穿插作业、室外工程与体育工艺的穿插作业、体育工艺与机电安装的穿插作业、屋盖结构与场地扩声和照明的穿插作业、火炬塔与室外工程或主体结构的穿插作业、场馆运行联合调试与赛事保障等	优点：可以实现工期安排从单专业维度向多专业维度的叠加，映射工期安排是否合理、有效	有助于项目工期和成本目标的实现	—
8	信息化成果动态调整	三维激光扫描技术应用	针对建筑重点和异形部位，将BIM技术和三维激光扫描技术相结合，将施工图信息和现场施工实际信息进行对比和分析，为诸如屋面钢结构、幕墙、装饰装修等专业的深化设计、材料选型与加工等过程提供数据信息支撑	优点：通过逆向BIM技术的应用，将理论数据与实际数据进行对比分析，为后续工作提供数据支撑。缺点：对信息化技术人员的操作技能要求较高	对专业间界面的数据偏差预先考虑，避免返工，有效保证工期目标	—
9	装配式施工	基于BIM的装配式施工	利用BIM+物联网+三维扫描技术，为建模、模具设计、预制生产、安装与维护提供信息化技术支持	优点：有助于工厂作业和现场作业的协调。缺点：对装配结构和现浇结构的技术协同程度要求较高	对装配作业工期可视化控制，利于工期目标的实现	—
10	机电安装模块化	机电安装模块化技术应用	利用BIM+模块化装配式施工技术，提高机房安装施工效率，缩短整体工期，提升机电整体安装品质	优点：最大程度实现机电作业工厂化。缺点：对机电BIM模型的精度要求较高	提高机房安装施工效率，有效保证工期目标	—

续表

序号	工作名称	内容概述	工作要求	高效建造优缺点	工期、成本	工程案例
11	完工标准	重点功能区域的完工交付标准模拟（BIM+VR/AR 技术）	对诸如新闻发布厅、首长接见厅、贵宾休息室、主席台、计时计分系统、电视转播、人流交通等赛时重要区域进行交付标准模拟，达到所视即所得的状态	优点：针对可视化的完工交付标准，梳理工作清单，工作策划前置	有助于建筑功能的完美实现	—
12	劳务管理	劳务实名制管理	搭建劳务实名制大数据平台，包括考勤系统、工资发放系统、安全教育与安全行为记录系统等	优点：更能保障劳务数据的真实性、实时性	有助于现场所需劳动力的保障，利于工期目标的实现	—
13	绿色施工管理	节能降耗管理	搭建项目能耗信息平台，实时监控项目各个阶段的水、电等资源的消耗数据，实时传输万元产值能耗水平	优点：项目能耗相关数据自动收集，为项目成本管控提供有效数据支撑	有利于项目施工成本的管控	—

3.4.3 项目信息管理系统

项目管理信息系统（Project management information system，PMIS）是计算机辅助项目管理的工具，为项目目标的实现提供了强有力的帮助。

要实现体育场快速建造，应严格执行企业《标准化管理手册》关于标准化的各项制度，结合信息化，推动项目"两化融合"，在项目重点推行工作标准化、安全防护标准化、质量做法标准化。运用 OMS 管理系统、ERP 系统、项目信息管理系统、网络办公平台、钉钉日志、微信群等进行信息技术管理。具体见图 3.4-1、图 3.4-2。

图 3.4-1　OA 管理系统

图 3.4-2　钉钉日志

项目通过项目管理系统进行《施工日志》填报，每个业务系统日志填报责任人分别输入各自负责的内容，软件自动汇总生成表单；通过制作、扫描二维码，就可以了解工程实体隐蔽验收、实测过程、实测结果等信息，保证可追溯性。

3.4.4　技术管理系统

技术管理系统是在适应新常态下，中建八局为提升技术管理效率所开发的一套管理系统，见图 3.4-3。

图 3.4-3　技术管理系统

技术管理系统共包含 9 个业务模块：方案编制审批、重大方案联审、优秀方案集锦、总工授权管理、技术骨干信息、方案审核师库、双优化案例库、标准规范管理、技术管理提升。该系统可以实现日常技术管理线上办公，联通总部—公司—分公司—项目部线上管理链条，实现技术管理的标准化、信息化。

3.4.5　智慧工地系统

1. 智慧工地概述

建筑行业是我国国民经济的重要物质生产部门和支柱产业之一，同时，建筑业也是一个安全事故多发的高危行业。建筑企业 70% 左右的工作都发生在施工现场，施工阶段的现场管理对工程进度、质量、安全及环境监测等至关重要。由于传统的施工现场管理具有劳动密集和管理粗放特性，因而运转效率低下，在劳务、安全、材料、环境等方面存在诸多问题。如何加强施工现场安全管理、降低事故发生频率、杜绝各种违规操作和不文明施工、提高建筑工程质量，是摆在各级政府部门、业界人士和广大学者面前的一项重要研究课题。

智慧工地项目一般采用云筑智联管理平台作为智慧工地核心承载平台，该平台充分利用互联网、大数据时代下，基于物联网、云计算、移动通信、GIS 等技术，是由中建电商研发的智慧工地平台，围绕建筑施工现场"人、机、料、法、环"五大因素，采用先进技术，是为建筑管理、生产，大数据分析提供 BIM+ 项管＋智能物联设备的一站式应用解决方案。

同时，充分整合目前国内各个主流、领先的代表性智慧工地设备及服务提供商各自技术优势，全力实现智慧工地项目从建设过程到实际应用，做到技术领先、运营优质、理念创新、成效明显这一总体目标。

2. 智慧工地板块简介

云筑智联目前已在 108 个项目试点应用，设计开发物联微应用 20 多种，通过大量设备接入应用论证可靠性、实用性以及数据采集的真实性，实际业务中通过实现管理智慧化、服务智慧化、监控智慧化，生产智慧化分步实施达到并实现智慧工地 BIM+ 项管＋智能物联设备。目前云筑智联已实施 20 多项开发及应用，主要系统功能及描述见表 3.4-3。

智慧工地主要系统功能及描述　　　　　　　　表 3.4-3

序号	系统	描述
1	人脸识别系统	可实现劳务实名制考勤的唯一性，在进场时可实现 0.1s 识别开闸进场

序号	系统	描述
2	环保除尘联动系统	对工地现场的温度、湿度、PM2.5、PM10、风力、风向、噪声等环境信息进行实时监测并将数据传输至云平台存储分析，通过电脑、手机的App进行实时查看，现场可设LED屏幕进行数据显示；该系统还可实现与雾炮、喷淋等设备控制联动，当PM2.5超过设定的预警值时，自动启动喷淋降尘系统，能够有效地降低粉尘浓度，改善施工现场环境
3	远程视频监控系统	在工地场区实现整体视频监控；实现从总部远程监控施工现场情况及施工进度；通过手机App管理软件，使管理员随时随地使用本系统的功能；在服务器终端上安装主控软件，在本地也可以实时观看视频监控的数据。做到了传输距离无界限，监控方便；监控画面切换简便快捷；图像影像存取简便容易；一个设备取代了传统的画面分割处理器、控制器和录像机三大件，大大降低了综合成本；该系统还具有WEB SERVER功能，使管理层身处异地也能随时掌握施工现场的生产状况，方便管理
4	工地卸料平台监测报警系统	卸料平台钢丝绳上安装应力传感器，通过钢丝绳受到的拉力计算出平台的载重、倾角等数据并显示在显示屏上，使管理员对载重量一目了然。在卸料平台过载、倾斜时提供提示，显示过载信息、倾斜度数，指导管理员进行分析决策。 卸料平台超载、倾斜以后会发生报警，本系统在卸料平台的钢丝绳上设有应力传感器、集中控制器和声光报警器。应力传感器检测卸料平台在载重时钢丝绳所受到的拉力，并把数据传给集中控制器。集中控制器内设有主控电路板，主控电路板上设有PLC控制器，PLC控制器输入端与模数转换器和应力传感器进行数据连接，输出端与声光报警器数据连接。集中控制器上设有BCD数字调节器和LED液晶显示板。在LED或液晶显示屏上显示报警数据，便于管理员观察及统计
5	塔式起重机限位防碰撞及吊钩可视化系统	塔式起重机限位防碰撞及吊钩可视化系统是全新智能化塔式起重机安全监测预警系统，它能够全方位保证塔式起重机的安全运行，包括塔式起重机区域安全防护、塔式起重机防碰撞、塔式起重机超载、塔式起重机防倾翻、吊钩可视化等功能，也能够提供塔式起重机安全状态的实时预警，并进行制动控制，是现代建筑重型机械群的一种安全防护设备。塔式起重机吊钩可视化系统通过安装在塔式起重机大臂上的摄像机可让塔式起重机司机在驾驶室清晰地了解吊钩周围的环境，该系统还可在PC端和移动端上远程查看塔式起重机的运行状态和历史记录
6	施工电梯安全监控系统	加装人脸识别认证监控做到保证每一次操作合规和特定人员操作，对装运重量感应监控防止超载出现安全事件。 实时监控施工电梯运行中的载重量、冲顶蹲底、前后门及天窗的开关状态、运行速度、吊笼人数统计提醒预警；实现远程PC及手机实时、历史数据查询及司机信息查看，为施工电梯运行安全提供保障
7	吊篮安全检测系统	该系统由吊篮配重块质量检测子系统、吊篮超载动态监测子系统、安全锁监控子系统、钢丝绳断线监测子系统、吊篮测距子系统、吊篮速度监测子系统六部分组成。 功能包括实时监测吊篮配重块的质量，从而避免因配重块的缺失或损坏带来的事故及危险伤害；对载重进行实时监测，若超过对应吊篮型号的安全载重，则会发出警报，同时锁闭吊篮直到载重在安全范围内，警报解除；安全带自动检测，人员感知，吊篮的限位保护；吊篮速度监测。 可实现对吊篮过载、断电、钢丝绳断股、配重块缺失、吊篮内人数超载、吊篮冲顶、摆幅过大、倾斜等的预警提醒，为施工安全提供保障。 吊篮的各个子系统通过各自的传感器将数据收集到各自的采集器，再通过ZigBee+CAN汇总到吊笼数据控制器；吊笼数据控制器再通过ZigBee将数据发送到工地监控中心；工地监控中心处理吊笼数据，再通过TCP/IP协议将数据发送到云端服务器，再从云端到主管控制中心和相关管理人员的便携式移动终端（手机或iPad等），实现管理人员的远程监控

续表

序号	系统	描述
8	基坑安全监测系统	确保基坑工程能有序进行，做到科学化施工，通过系统自动监测围护结构顶部水平位移、深层水平位移、立柱顶水平位移、静力水准、水位、锚索应力等现象
9	水电能效管理系统	数据采集层通过电能表、水表等获取各回路的电耗及其相关电力参数、能量消耗和水耗等能源信息。再由数据传输层把能源数据转换成 TCP/IP 协议格式上传至节能管理监控系统数据库服务器。数据存储层可以对能耗数据进行汇总、统计、分析、处理和存储，由数据展示层对存储层中的能耗数据进行展示和发布
10	BIM+VR+AR+MR体验管理系统	BIM+VR 安全体验管理系统，通过 VR 设备结合 BIM 创建的施工现场模型对高处坠落、火灾、机械伤害、物体打击等安全教育项目的虚拟化、沉浸式体验，达到施工安全教育目的。 BIM+VR 安全体验管理系统把建筑工地的实景转换到虚拟场景中，可以直接体验如电击伤害、高空坠落、洞口坠落、脚手架倾斜等安全事故发生的原因及过程以达到安全教育的目的；也可以对施工过程中各构件定位、排布、做法、标准、属性等信息进行直观地查看等。体验者戴上 VR 设备，即可体验到现场的虚拟场景，施工人员可以通过虚拟场景模拟，有效避免施工时的安全事故。 将手机放入 VR 眼镜中，可对虚拟场景进行细节排布和全视野观看。配合技术交底，工人可更直观地感受、学习其中的内容
11	3D 扫描及打印技术	可以快速扫描建筑物，对建筑物的实际位置进行虚拟分析，并将扫描数据作为基础与 BIM 模型结合进行对比分析。 3D 扫描及打印是制造业领域正在迅速发展的一项新兴技术，被称为"具有工业革命意义的制造技术"。3D 打印可直接根据计算机图形数据，通过增材制造的方法生成各种形状的产品。3D 打印的建筑模型可展示建筑与环境实体效果，使业主、审批人员等有关方面能够对建筑及周边环境有一个比较直观的了解和真实的感受，设计师也可通过模拟真实建筑和环境的实体模型来展示其设计效果，传递设计理念。在实际施工中，采用 3D 打印模型来展示建筑较复杂的结构部位可使施工人员能够正确理解设计师的意图，保证施工，指导施工
12	智能触控信息与沙盘模拟展示系统	智能触控针对具体工程进行设计建模，把施工现场各个地点的行进路线通过动态画面展现出来，使用方便，操作简单，具有坚固耐用、反应速度快、触摸无延迟、回应灵敏、使用流畅、稳定可靠、易于交流等特点。通过触控屏幕，可以方便参观者查看当前最新的项目信息，施工进度，工程亮点等情况，当打开时可播放宣传、信息发布的内容，待机时可提供项目部的综合导航功能。在参观时可播放经过渲染的宣传片，也可供参观者进行导航使用。 智能触控与沙盘模拟展示系统是通过触控显示器来展示预先设定好的信息，信息可是文字、图片、动画等，具有直观、方便、大方等特点。由于本工程施工难度大，工程复杂。智能触控与沙盘模拟展示系统是展示工程特点、难点、亮点的平台，还可对场区所有重点部位进行导航，能够更加让人直观、快捷了解到工程信息
13	智能烟感	工人生活区若发生板房着火事件，会给公司效益、施工进度、形象等各方面带来不必要的损失。该系统通过烟雾探测器来判断烟雾量以及浓度来确认是否触发报警，一旦确认就会发出烟雾报警/火警信号，启动蜂鸣器报警并联系与之关联的手机，提醒相关人员，防止火灾发生。 在每个工人生活区板房内安装智能烟感报警器，报警器探测到烟雾浓度过量时启动蜂鸣器发出报警，同时报警数据流通过 NB-IoT 信道传输云平台；云平台根据该报警器的编号确定警报位置并把警报信息发送至与报警器关联的手机。监控平台中也会弹出告警对话框；管理员接到报警后进行火警处理。 智能烟感报警器内置电源，信号为无线传输，无需布线，安装方便，反应灵敏，本地和关联手机同时报警，并且通过管理员火灾确认后火灾周围板房的报警器也会发出警报，提醒周围人员疏散撤离。本系统能做到 24h 不间断值守，并在发现情况时第一时间发出警报并报告管理员。能有效预防及时发现火情减少损失

续表

序号	系统	描述
14	场区无线智能广播系统	智能无线广播系统是一套用无线发射的方式来传输广播的系统，设置好定时播放后，无需值守，自动播放，具有无需立杆架线、覆盖范围广、无限扩容、安装维护方便、投资省、音质优美清晰等特点。可与现场管理相结合，在施工现场、生活区播放劳动、质量等竞赛文件，表扬先进和进行安全知识广播，下班后可播放歌曲、新闻，为现场人员放松心情、舒缓压力
15	场区Wi-Fi覆盖系统	工友区的网络无线覆盖是根据要求设计成分时段、分IP等多种设置。工友区从主宽带上分部分网速，在工友区设立一个独立服务器既不影响项目部的网络稳定，同时满足工友区的网络需求以及各种网络设备的需要
16	智能会议室	保证迅速召开会议，以便讨论紧急事务和立即采取措施。该系统还可实现高效高清的远程会议、办公，在提升沟通效率、提升管理成效等方面具有良好的效果
17	无人机航拍及监控	通过无人机航拍技术，协助现场整体部署及平面布置的日常监控，对高处临边、悬挑架结构外立面、大型设备尖端部危险区域进行检查，进行空中巡察辅助安全监管，通过控制无人机飞行到"人到不了、看不到"的地方，并通过清晰的照片观察此处的状态是否可靠
18	全景监控	航拍和实景建模融合，标注视频点位，做到点击即可查看实时画面
19	智慧党建	用于项目党支部党员管理，党员生日提醒，党费缴纳提醒以及党员学习情况跟踪
20	养护室监控	混凝土标准养护室是一种具备特定温度和湿度，用于存放混凝土试块的房间，对混凝土试件、水泥试体进行恒温恒湿的智能控制
	BIM+安全+质量+进度	利用BIM实现安全、质量、进度管理

3. 智慧工地作用

通过集成运用物联网、GIS-BIM、大数据、云计算、移动互联网等信息技术，搭建智慧工地可视化管理平台，实现工地的信息化、精细化、智能化管控，最终实现提升工程项目管理品质，具体包括：

有效管控：提升各级领导和管理部门对工程现场的管控能力；

控制成本：保证质量的前提下节约人力及物料成本；

提高效率：充分发挥信息化提效功能，促进各部门协同工作；

整合业务：整合冗余业务和碎片化信息，优化管理模式；

保障安全：规避减少事故，确保施工安全，降低安全风险；

绿色文明：实现工地节能、节地、节水、节材和环境保护。

3.5 研发新技术

针对体育场项目特点及行业发展趋势，为实现项目高效建造，可在以下方面进行新技术研发，具体见表3.5-1。

表3.5-1

新技术研发清单

序号	技术名称	适用条件	技术特点	高效建造优缺点	工期/成本	工程案例
1	桩-土-锚基坑支护技术	适用于砂土为主的地层，基坑深15~20m，安全等级一级，环境等级一级的基坑	体系包括：双排桩、桩间土、锚杆（索）。综合了双排桩门式刚架、桩间加固土重力坝以及锚杆（索）的支护作用，三者协同工作可以有效控制基坑固护变形	优点：基坑面积减小趋于经济，基坑内无内支撑体系，不占用基坑开挖和基坑结构施工空间，利于基坑开挖，有效缩短基坑开挖时间。缺点：无	预计提高工期：15%；降低成本：10%	杭州奥体中心
2	自适应智能混凝土布料机研究与应用	混凝土浇筑人力辅助定位的管道位置末端	将混凝土布料机末端人工定位升级为自动定位，实现浇筑工序末端的全智能化操作	优点：大幅减轻劳动强度，提高布料机智能化程度	降低工人劳动强度	预研、暂无
3	水平钢筋网片绑扎机器人研究	大底板、楼板等钢筋排布有规则且作业面大的钢筋绑扎	实现大底板、楼板等大面积水平钢筋的自动绑扎	优点：大幅减少劳动力需求，降低人工成本，提高现场自动化程度	降低工人劳动强度	预研、暂无
4	现浇看台板模架早拆体系及快速周转技术	体育场现浇看台板	通过结合看台板的形式及构件特征，利用早拆头的形式，实现部分架体早拆	优点：可周转局部架体，增加材料周转次数。缺点：现场架体需分两次拆除	预计提高看台板架体周转率30%以上	预研、暂无
5	机电专业的正向辅助设计/出图技术研究	实现机电专业软件自动化出图	1）通过将BIM快速建模技术与设计人员所使用的技术规范习惯工作习惯至工作习惯相结合，实现二维/三维联动式辅助设计；2）通过机电管综原则的软件化，实现机电BIM模型的智能排布，自动化标注以及自动化纠错；3）通过出图标准、出图细则的软件化，以人机交互的方式，实现二维/三维联动式正向出图	优点：设计、施工一体化，通过机电工程数字化建造技术，全面提升机电工程的质量和效率	预计提高工期：相比采用传统做法的同类型项目节省周期10%。质量：出图标准化，出图质量提高	杭州奥体中心

续表

序号	技术名称	适用条件	技术特点	高效建造优缺点	工期/成本	工程案例
6	索承结构无胎架施工技术	3万座体育场采用车辐式索承结构罩棚体系	索承结构可实现无胎架支撑施工	优点：罩棚体系施工无需支撑胎架，对看台板形式无要求，无需大型起重设备。缺点：国内无案例，首次实施难度大	预计缩短罩棚体系施工时间10%以上；降低大型设备租赁成本，降低支撑胎架的租赁成本	预研，国外有先例
7	研究现浇与预制相结合的看台板组合施工技术	有预制率要求的大型体育场	通过预制看台板和现浇看台板相结合的方式，实现流水施工	优点：通过预制结构和现浇结构相结合的施工组织方式，可提前施工罩棚体系，为后续工作提供作业面	预计提前罩棚体系施工时间10%以上	预研，暂无

高效建造管理

4.1 组织管理原则

（1）应建立与工程总承包项目相适应的项目管理组织，并行使项目管理职能，实行项目经理负责制。项目经理应根据工程总承包企业法定代表人授权的范围、时间和项目管理目标责任书中规定的内容，对工程总承包项目，自项目启动至项目收尾，实行全过程管理。

（2）工程总承包企业宜采用项目管理目标责任书的形式，并明确项目目标和项目经理的职责、权限和利益。

（3）设计管理应由设计经理负责，并适时组建项目设计组。在项目实施过程中，设计经理应接受项目经理和工程总承包企业设计管理部门的管理。

（4）项目采购管理应由采购经理负责，并适时组建项目采购组。在项目实施过程中，采购经理应接受项目经理和工程总承包企业采购管理部门的管理。

（5）施工管理应由生产经理（或项目总工程师）负责，并适时组建施工组。在项目实施过程中，生产经理（或项目总工程师）应接受项目经理和工程总承包企业施工管理部门的管理。

（6）项目试运行管理由试运行经理负责，并适时组建试运行组。在试运行管理和服务过程中，试运行经理应接受项目经理和工程总承包企业试运行管理部门的管理。

（7）工程总承包企业应制定风险管理规定，明确风险管理职责与要求。项目部应编制项目风险管理程序，明确项目风险管理职责，负责项目风险管理的组织与协调。

（8）项目部应建立项目进度管理体系，按合理交叉、相互协调、资源、优化的原则，对项目进度进行控制管理。

（9）项目质量管理应贯穿项目管理的全过程，按策划、实施、检查、处置循环的工作方法进行全过程的质量控制。

（10）项目部应设置费用估算和费用控制人员，负责编制工程总承包项目费用估算，制定费用计划和实施费用控制。

（11）项目部应设置专职安全管理人员，在项目经理领导下，具体负责项目安全、职业健康与环境管理的组织与协调工作。

（12）工程总承包企业应建立并完善项目资源管理机制，使项目人力、设备、材料、机具、技术和资金等资源适应工程总承包项目管理的需要。

（13）工程总承包企业应利用现代信息及通信技术对项目全过程所产生的各种信息进行管理。

（14）工程总承包企业的商务管理部门应负责项目合同的订立，对合同的履行进行监督，并负责合同的补充、修改和（或）变更、终止或结束等有关事宜的协调与处理。项目部应根据工程总承包企业合同管理规定，负责组织对工程总承包合同的履行，并对分包合同的履行实施监督和控制。

（15）项目收尾工作应由项目经理负责。

4.2　组织管理要求

（1）组建项目管理团队：

要求主要管理人员及早进场，开展策划、组织管理工作，项目总工、计划经理必须到位，开展各种计划、策划工作。根据场馆规模大小和重要程度，设置施工方案、深化设计和计划管理专职人员。

（2）根据招标要求或合同约定，确定项目工期、质量、安全、绿色施工、科技等质量管理目标，分解目标管理要求。

（3）研究策划工程整体施工部署，确定施工组织管理细节。

结合体育场工程结构形式、规模体量、专业工程、工序工艺和工期的特点，以体育场工期为主线，以"分区作业，分段穿插"为原则制定施工部署。土建结构整体施工进度以给钢结构提供工作面为目标，钢结构以给外幕墙、屋盖提供工作面为目标，看台板、疏散平台装饰施工以幕墙、屋盖体系基本结束不再交叉施工为条件，根据施工段划分情况穿插施工。

（4）根据工期管理要求，分析影响工期的重难点，制定工期管控措施。

主要重点部位如下：地基与基础、钢结构和屋盖结构、幕墙、卫生间装饰、正式水电、市政污雨水管网等。

（5）劳动力组织要求：

土建劳务分包组织。根据土建结构形式和工期要求，结合目前劳务队伍班组组织能力，进行合理划分。施工区域按照每家劳务不大于 6 万 m^2 划分。

拟定分包方案（参照）：

根据施工段划分和现场施工组织、主体劳务施工能力等情况，拟将体育场划分 3～4 个施工段，体育场外围待钢结构吊装完成后再行施工，劳务队伍可暂不选择。

（6）二次结构、钢结构、金属屋面、外幕墙、室内装饰装修、机电安装等专业分包计划：

根据工期要求和实体工程量、专业分包能力综合考虑，制定专业分包招采和进场计划。具体参照表 4.2-1、表 4.2-2。

专业分包工程招标计划、施工时间表   表 4.2-1

序号	专业名称	单位	招标完成时间（开工后第 n 天）	最迟施工开始时间（开工后第 n 天）	备注
1	光伏发电专业分包	项	200	210	——
2	体育咨询	项	170	——	直接委托
3	室外工程	项	210	235	含：景观绿化、道路广场、照明、室外训练场地等
			210	220	室外管网（给水排水、雨水、污水有图；强、弱电，燃气无图）、室外回填
4	场地回填	项	210	220	——
5	泛光照明专业分包	项	190	200	
6	光导系统	项	210	220	图纸深化补充
7	柴油发电系统	项	210	220	
8	锅炉房工程	项	190	200	含：土建、装饰、机电
9	二次装修	项	200	210	
10	标识系统	项	200	210	影响内装和配电
11	通信系统	项	210	220	影响吊顶施工
12	天然气专业	项	210	220	

体育工艺相关专业招标、施工计划时间表   表 4.2-2

序号	工程名称	招标完成时间（开工后第 n 天）	最迟施工开始时间（开工后第 n 天）	备注
1	体育场看台板座椅	200	210	——
2	塑胶跑道	210	300	包含构造层及划线
3	体育场草皮	210	250	包含构造层及划线；草皮需外场租地养植

续表

序号	工程名称	招标完成时间 （开工后第 *n* 天）	最迟施工开始时间 （开工后第 *n* 天）	备注
4	体育器材及埋件	210	250	—
5	火炬	210	250	—
6	场地扩声	210	220	智能化单位协调
7	LED 大屏	210	220	智能化单位协调
8	能效计量远传系统（水表、电表、冷热能量表）	210	220	智能化单位协调
9	设备机房（冷热源）群控系统	210	220	智能化单位协调

（7）地基与基础工程组织管理：

地基与基础在体育场工期管理中占有重要位置，由于水文地质、周边环境、环保管控等不确定因素，对整体工期影响巨大，必须重点进行策划，特别是基础设计方案和施工方案、试桩、检测方案等进行严密论证，确保方案的可行性。

（8）主要物资材料等资源组织：

主体阶段对钢材、混凝土、周转工具等供应进行策划组织，确定材料来源，供货厂家资质、规模和垫资实力等，确定供货单位，确保及时供应，并留有一定的余量；制定主要材料、设备招标、进场计划。

混凝土搅拌站选择：根据总体供应量和工程当地混凝土搅拌站分布情况，结合运距和政府管控要求，合理选择足够数量搅拌站供应。对后期小方量混凝土供应必须提前策划说明，防止后续混凝土停工现象影响二次结构等施工。

（9）设计图纸及深化设计组织管理：

正式图纸提供滞后，将严重影响工程施工组织，应积极与设计单位对接，并与其确定正式图纸提供计划。必要时分批提供设计图纸，分批组织消防、图纸审查。

体育场结构复杂，钢结构、屋面罩棚、幕墙、体育工艺等均需进行深化设计，必须提前选定合作单位或深化设计单位。积极与设计单位沟通，并征得其认可，有利于深化设计及时确认。根据图纸要求分析，制定深化设计专业及项目清单，组织相关单位开展深化设计，以便于招标和价格确定、施工组织管理、设计方案优化和设计效益确定。

（10）正式水电、燃气、暖气、污雨水排放等施工和验收组织：

项目施工后期，水电等外围管网的施工非常重要，决定能否按期调试竣工。总包单位要积极对接发包方和政府市政管理部门，积极协助配合建设单位、专业使用单位尽早施工完成，协助发包方办理供电、供水和燃气验收手续，并与建设单位一起将此项工作列入竣工考核计划。

5 体育场的验收

5.1 分项工程验收

按照国家、行业、地方规定及时联系相关单位组织分项验收。涉及体育工艺专业工程，不在建筑工程十大分部范围内的分项工程验收时，检验批及分项验收资料地方有规定的按地方规定，地方无规定的根据施工内容套用十大分部内的相同内容，无相同内容时根据验收规范自行编制资料表格进行资料编制。

5.2 分部工程验收

按照国家、行业、地方规定及时联系相关单位组织分部工程验收，见表 5.2-1。

分部工程验收清单　　　　　　　　　　　　表 5.2-1

序号	验收内容	注意事项	验收节点	验收周期（d）	备注
1	地基与基础	桩基检测	基础完工	1～5	—
2	主体结构	结构实体检测	主体完工	1～5	—
3	建筑装饰装修	室内环境检测	检测完成	1～5	—
4	建筑屋面	金属屋面抗风揭实验	屋面完工	1～5	—
5	建筑给水排水及供暖	火灾报警及消防联动系统检测	分部完成	5～30	—
6	建筑电气	防雷检测	分部完成	1～5	—
7	智能建筑	智能建筑系统检测	检测完成	1～5	—

续表

序号	验收内容	注意事项	验收节点	验收周期（d）	备注
8	通风与空调	—	分部完成	10～30	根据当时气候确定验收冷暖要求
9	电梯	电梯安全检测	检测完成	30	—
10	建筑节能	—	分部完成	30	—
11	市政管网验收	—	分部完成	30	—
12	园林绿化验收	—	分部完成	30	—

注：桩基、主体结构、钢结构、市政管网施工过程中分段组织验收。

5.3　单位工程验收

按照国家、行业、地方规定及时联系相关单位组织单位工程竣工验收。

5.4　关键工序专项验收

施工过程及施工结束后应及时进行关键工序专项验收，确保竣工验收及时进行，见表 5.4-1。

关键工序专项验收　　　　　　　　　　　表 5.4-1

序号	验收内容	验收节点	验收周期（d）	备注
1	建设工程规划许可证	开工	30	—
2	施工许可证	开工	30	—
3	桩基验收	桩基处理完成	5	过程分批验收，最后一次完成单项验收
4	幕墙专项验收	幕墙完工	30	—
5	特种设备验收	检测完成	30	—
6	钢结构子分部专项验收	钢结构完工	30	—
7	消防验收	消防完工	30～45	—
8	节能专项验收	节能完工	5	—
9	规划验收	装饰完成	30	—
10	环保验收	室外工程完成	30	—
11	人防验收	人防完成	30	—
12	白蚁防治	白蚁防治完成	15	—
13	档案馆资料验收	竣工验收前	30	—

5.5 体育工艺专项检测

体育场以实现赛事要求为最终目标，施工中要及时进行体育工艺专项检测，确保实现赛事功能要求。体育工艺专项检测内容及检测周期见表 5.5-1。

体育工艺专项检测内容及检测周期 　　　　　　表 5.5-1

序号	检测内容	检测周期（d）	备注
1	比赛场天然草面层	30～90	足协验收
2	室外训练场塑胶跑道	30	田协评定
3	体育场扩声系统	10	第三方检测
4	LED 显示屏系统及升降旗系统	10	第三方检测
5	室内羽毛球场及照明系统	10	第三方检测
6	室外篮球场及照明系统	10	第三方检测
7	室外网球场及照明系统	10	第三方检测
8	室内笼式足球场地及照明系统	30	第三方检测
9	一、二类运动场地	30～60	国际田联

6 案例

6.1 案 例 背 景

    成都凤凰山体育中心,最早可以追溯到2017年,当时称成都国际足球中心,作为成都"北改"之后的重大基础设施项目,场馆预算20亿元。随着第31届世界大学生运动会花落成都,名称改为"凤凰山体育中心",成为2021年大运会的主要赛事场馆。成都凤凰山体育中心作为全国首个六万座的专业足球场,将代表成都角逐重要赛事承办权。

    项目是贯彻落实成都市委、市政府建设"三城三都"总体战略部署,加快推进体育赛事名城建设步伐的重要项目,也是第31届世界大学生运动会的重要赛事场馆,由一座6万座的专业足球场、一座1.8万座的综合体育馆、配套R1绿地和商业用房组成,总建筑面积约45.6万 m^2,工程总投资44.9亿元。

    其建成后不仅能承办国际及国内顶级赛事,还可满足青少年足球专业化培养及体育交流、会展博览、商业演出、大型综艺、旅游观光等功能。整个建筑造型舒展大气、立面线条流动优美、结构形式复杂多变,专业足球场首创大开口葵花型索穹顶结构、世界最大面积的ETFE膜结构,施工技术难度大。

    工程建设采用EPC总承包管理模式,中建八局作为牵头单位,联合中国建筑西南设计研究院有限公司、成都勘察设计研究院有限公司承建。

    本项目开工时间为2019年2月22日,合同竣工时间为2021年3月31日,实际建设工期仅为25个月,统计同等规模场馆建设工期一般为3~4年,本项目较同类大型场馆建设工期缩短1~2年。

    本项目突出特点包括,工期最快:全国同等规模体育场工期最快,设计—勘察—施工仅730d;标准最高:建设目标为"中国建筑工程鲁班奖""中国土木工程詹天佑大奖";

世界首例：全世界首个大开口索穹顶体育场馆；国内第一：全国首个 6 万座专业足球场、国内最大 ETFE 膜结构施工。

截至 2019 年 12 月，经过近 9 个月的艰难鏖战，出色地完成了第一阶段任务——主体结构封顶，顺利进入机电、装饰装修、体育工艺等各专业穿插实施阶段。项目履约得到政府、业主单位等相关方的高度认可，作为中建八局体育场高效建造的典型案例，为同类型体育场项目提供参考和借鉴。

6.2　体育场概述

6.2.1　工程概况

凤凰山体育中心体育场是一座按国际足联（FIFA）标准打造的可承办国际顶级足球赛事的专业足球场体育建筑（表 6.2-1），同时兼顾演艺和大型综艺的使用功能。其设有 5.2 万个固定座位和 0.8 万个临时座位，属于大型甲级体育场。

凤凰山体育中心体育场工程概况　　　表 6.2-1

序号	项目	主要内容
1	工程名称	成都凤凰山体育中心项目勘察—设计—施工总承包工程
2	建筑类别	文体综合体
3	总建筑面积	总建筑面积约 45.6 万 m²；专业足球场 6 万座，建筑面积 17.5 万 m²
4	地理位置	成都凤凰山体育中心项目位于金牛区北部新城杜家碾片区
5	建筑层数	地下　1 层
		地上　6 层
6	建筑高度	64m
7	场地标高	本项目各单体的设计标高 ±0.000 均相当于绝对标高 512.8m
8	结构形式	框架剪力墙结构 + 钢网架结构 + 大开口索穹顶结构
9	建设单位	成都城建投资管理集团有限责任公司
10	设计单位	中国建筑西南设计研究院有限公司
11	勘察单位	成都勘测设计研究院有限公司
12	监理单位	上海建科工程咨询有限公司
13	工期要求	总工期 850 日历天（含设计、采购、施工），其中勘察、设计、施工工期为 730 日历天，工程综合验收、工程竣工备案工期为 120 日历天。 计划开工日期为 2019 年 3 月 4 日，计划竣工验收日期为 2021 年 2 月 8 日，工程竣工验收备案日期为 2021 年 6 月 30 日
14	质量标准要求	符合国家现行规范要求，确保"四川省优质结构工程""四川省建设工程天府杯奖"； 获得"中国建筑工程鲁班奖""中国土木工程詹天佑大奖"； 获得三星级绿色建筑设计标识证书； 获得"中国建筑工程钢结构金奖"

续表

序号	项目	主要内容
15	安全文明施工要求	遵守国家和地方有关安全生产的法律、法规、规范、标准和规程以及成都市各项安全生产文明施工管理制度要求等，争创"全国建设工程项目施工安全生产标准化工地"
16	东西向剖面	
	南北向剖面	

6.2.2　关键工期节点

关键工期节点见表 6.2-2。

凤凰山体育中心体育场关键工期节点　　　　　　表 6.2-2

序号	设计内容	完成时间	备注
1	项目中标	2019 年 1 月 30 日	—
2	项目团队正式进场	2019 年 2 月 11 日	—
3	土石方开挖完成	2019 年 3 月 20 日	—
4	基础验槽	2019 年 3 月 27 日	—
5	地下室结构	2019 年 6 月 5 日	—
6	主体混凝土结构	2019 年 9 月 30 日	—
7	主体钢结构	2019 年 12 月 31 日	索结构
8	屋面膜结构施工完成	2020 年 4 月 30 日	2.5 万 m²ETFE 膜
9	幕墙工程	2020 年 10 月 30 日	—
10	精装修工程	2021 年 1 月 5 日	—
11	体育工艺	2021 年 1 月 31 日	—
12	总平景观	2021 年 2 月 5 日	—
13	竣工验收	2021 年 2 月 28 日	—

6.3 项目实施组织

6.3.1 组织机构

根据体育场项目体量大、工期紧、施工难度大的特点，工程总承包项目组织管理机构按指挥部、总承包管理项目部及专业足球场项目部三个层级设置。具体项目组织管理机构详见图6.3-1。

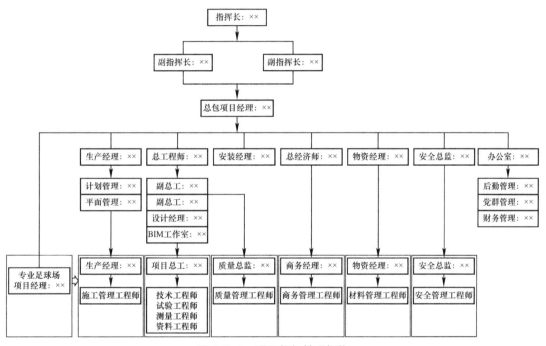

图 6.3-1 项目组织管理机构

项目各层级管理机构职责见表6.3-1。

项目各层级管理机构职责 表6.3-1

序号	管理机构	管理职责
1	指挥部	1）与业主高层领导的对接； 2）听取项目管理重大事项的汇报，并决策项目实施过程中的重要问题； 3）根据需要，参加业主组织的重要会议； 4）参与项目重大事项的处理； 5）协调企业内、外专家资源，为项目推进提供技术支持； 6）审批项目施工组织设计与重大施工方案； 7）参加项目月度管理会议
2	总承包管理项目部	1）代表公司履行EPC项目总承包合同责任与义务，负责项目总体组织与实施，对接业主，统筹、现场三个经理部的工作；

续表

序号	管理机构	管理职责
2	总承包管理项目部	2）负责项目整体施工组织部署、实施策划工作，负责整个项目的施工资源组织、供给与调配，包括劳务作业队伍、专业施工队伍、各种材料供应、施工机械设备租赁、周转料具供给、财务资金安排等； 3）负责对外关系的协调，包括质监、安监、交通、城管、环卫等政府相关主管部门的沟通与协调，为项目顺利实施提供良好的外部环境； 4）负责施工生产与进度计划的整体管控，监督各区域的施工进度与计划实施情况，对现场工期进行跟踪与考核，并采取有效措施确保各节点工期目标的实现； 5）负责与EPC成员勘察、设计单位的协调与对接，保证勘察、设计进度满足现场施工需要； 6）牵头组织设计优化工作，提出设计优化建议，协助做好商务创效工作； 7）负责组织项目创优创奖与科技管理工作； 8）负责项目统一的计量与支付工作，全面指导项目低成本运营的各项管理工作； 9）负责项目标准化与信息化管理工作，制定统一的内外文件标准、统一实施云筑智联等智慧化管理手段，检查落实公司各体系标准化管理手册； 10）负责制定现场安全文明施工标准，并对安全、文明施工与环境保护情况进行监督检查； 11）负责项目综合管理与后勤保障工作，营造风清气正、拼搏向上的工作氛围
3	专业足球场项目部	1）在总承包管理项目部领导下，负责各项施工组织及全面管控工作； 2）与公司签订目标成本考核责任状，负责项目各管理目标的实现； 3）按公司各体系的管理要求，做好相关对接工作

6.3.2　施工部署

根据本项目建设特点及总体工期安排，按照地下结构、地上结构及钢结构三大阶段组织施工，其他各专业协调配合主线施工。专业足球场单位工程组织平行施工，单体内部流水作业；结构施工完成后进行钢结构屋盖施工，二次结构、幕墙工程穿插进行。本工程施工分区及施工组织安排详见表6.3-2。

施工分区及施工组织安排　　　　　　　　　　表6.3-2

序号	阶段	施工段划分及施工顺序安排
1	地下结构施工阶段	

序号	阶段	施工段划分及施工顺序安排
1	地下结构施工阶段	将足球场地下结构施工阶段划分为内环、外环两个区域，其中外环部分地下室区域作为缓修区，待专业足球场屋面钢结构施工完成后即开始进行组织施工，内环部分划分为A1、A2、A3、A4四个大区段采用跳仓法递推施工，其中： A1区分为4个流水段，由成都正太劳务负责实施，高峰时期投入劳动力450人； A2区细分为4个流水段，由鸿程万里劳务负责实施，高峰时期劳动力420人； A3区细分为4个流水段，由四川宏信劳务负责实施，高峰时期劳动力450人； A4区细分为4个流水段，由四川宏信劳务负责实施，高峰时期劳动力400人； 缓修区细分为15个流水段，由三家主体劳务分别实施对应分区的主体结构施工
2	地上结构施工阶段	 根据类似工程经验并结合本工程的特点，将专业足球场地上结构水平施工阶段划分为4个区域，共12个施工段；竖向施工段划分为9个施工段，本阶段拟定投入4个施工班组，按照"A1-1→A1-2，A1-3→A1-4；A2-1→A2-2，A2-3→A2-4；A3-1→A3-2，A3-3→A3-4；A4-1→A4-2，A4-3→A4-4"的顺序，区域间组织平行施工，区域内组织流水施工
3	钢结构施工阶段	 专业足球场钢结构施工总体上分为网架、钢拉环、索穹顶结构三大部分，划分为4个施工段，分别从A-1/A-3开始逆时针施工。网架部分采用大吨位履带式起重机分块吊装，下设临时支撑架；索穹顶钢拉环采用地面拼装，带索整体提升法施工。整体施工顺序为首先进行钢柱及网架的安装，然后进行内拉力环的带索提升施工，最后进行索结构张拉施工。

序号	阶段	施工段划分及施工顺序安排
3	钢结构施工阶段	其中钢网架由浙江精工专业分包实施，高峰时期投入劳动力 210 人； 索结构由南京东大预应力专业分包实施，高峰时期投入劳动力 80 人

6.3.3　协同组织

1. 快速决策管理流程

（1）快速决策事项识别

为了实现项目的高效建造，项目梳理影响项目建设的重大事项清单，制定快速决策流程，合理缩短企业内部管理流程，实现高效建造的快速决策。快速决策事项识别见表 6.3-3。

快速决策事项识别　　　　　　　　　　　　　表 6.3-3

序号	管理决策事项	公司	分公司	项目部
1	项目班子组建	√	√	—
2	项目管理策划	√	√	√
3	总平面布置	√	√	√
4	重大分包商（主体队伍、钢结构、幕墙、体育工艺、精装修等）	√	√	√
5	重大方案的落地	√	√	√
6	重大招采项目（进口索、重大设备等）	√	√	√

注：相关决策事项符合三重一大相关规定。

（2）高效建造决策流程

根据项目的建设背景和工期管理目标，企业管理流程适当调整，给予项目一定的决策汇报请示权，缩短项目重大事项决策流程，减少企业内部多层级流程审批造成的时间上的延长。

凤凰山体育中心设立公司级指挥部，由公司总经理担任指挥长，公司总工程师、总经济师担任副指挥长，指挥部成员包括公司各部门经理、分公司班子成员。针对重大事项，项目部经过班子讨论形成意见书，报送项目指挥部请示。请示通过后，按照常规项目完善各项标准化流程。

2. 设计与施工组织协同

（1）建立设计管理例会制度。

项目出图阶段，每周二在设计单位召开至少一次设计例会，发包人、勘察、设计、监理、总包五方参加，主要协调解决前期出图问题；设计图纸完成后，每周二在工地现场召开设计例会，各方派代表参加，解决施工过程中的设计问题；参会前，提前将需要解决的问题发给设计单位，以便安排相关设计工程师参会。

（2）建立畅通的信息沟通机制。

建立设计管理交流群，设计与现场工作相互理解、协调；设计应及时了解现场进度情况，为现场施工创造便利条件；现场应加强与设计的联系与沟通，及时反馈施工信息，相互支撑，快速推进工程建设。

（3）BIM 技术联动应用制度

为最大限度地解决好设计碰撞问题，总包单位安排专业 BIM 技术应用工作团队，与设计单位共同开展 BIM 模型创建；BIM 团队入驻设计单位办公，统一按设计单位的相关要求进行模型创建，发挥 BIM 技术的作用，提前发现有关设计碰撞问题，提交设计人员及时进行纠正。

（4）重大事项协商制度

为确保较好地控制投资造价，做好限额设计与管理各项工作，各方建立重大事项协商制度，及时对有关涉及重大造价增减的事项进行沟通、协商，对预算费用进行比较，确定最优方案，在保证投资总额控制的前提下，确保工程建设品质。

（5）顾问专家咨询制度

建立重大技术问题专家咨询会诊制度，对工程中的重难点进行专项研究，制定切实可行的实施方案；并对涉及结构与作业安全的重大方案实行专家论证，先谋后施，不冒进，不盲目施工，在确保质量安全的前提下狠抓工程进度。

3. 设计与采购组织协同

（1）设计与采购沟通机制

设计与采购沟通内容见表 6.3-4。

设计与采购沟通内容 表 6.3-4

序号	项目	沟通内容
1	材料、设备的采购控制	通过现场的施工情况，物资设备管理部对工程中规格异性的材料，提前调查市场情况，若市场上的材料不能满足设计及现场施工的要求，与生产厂家联系，提出备选方案，同时与设计反馈实际情况，及时调整，确保设计及现场施工的顺利进行
2	材料、设备的报批和确认	对工程材料设备实行报批确认的办法，其程序为： 1）编制工程材料设备确认的报批文件。施工方事先编制工程材料设备确认的报批文件，文件内容包括：制造（供应商）的名称、产品名称、型号规格、数量、主要技术数据、参照的技术说明、有关的施工详图、使用在本工程的特定位置以及主要的性能特性等； 2）设计在收到报批文件后，提出预审意见，报业主确认； 3）报批手续完毕后，业主、施工、设计和监理各执一份，作为今后进场工程材料设备质量检验的依据

序号	项目	沟通内容
3	材料样品的报批和确认	按照工程材料设备报批和确认的程序实施材料样品的报批和确认。材料样品报业主、监理、设计院确认后，实施样品留样制度，为日后复核材料的质量提供依据

（2）采购选型与设计管理协调

1）电气专业采购选型与设计协调内容

电气专业采购选型与设计协调内容见表6.3-5。

电气专业采购选型与设计协调内容　　　　　表6.3-5

序号	校核项	专业沟通
1	负荷校核（包括电压降）	1）根据电气系统图与平面图列出图示所有回路的如下参数：配电箱/柜编号、回路编号、电缆/母线规格、回路负载功率/电压； 2）向电缆/电线/母线供商收集电缆的载流量、每千米电压降、选取温度与排列修正系数； 3）对于多级配电把所有至末端的回路全部进行计算，得到最不利的一条回路核对电压降是否符合要求（不得大于5%额定电压），如果电压降过大，采用增大电缆规格来减少电压降（如干线电压降过大的，则增大干线电缆截面积）
2	桥架规格	1）根据负荷计算出所有电缆规格，对应列出电缆外径； 2）把每条桥架内的电缆截面积进行求和计算，计算出桥架的填充率（电力电缆不大于40%。控制电缆不大于50%），但也要根据实际情况进行调整； 3）线槽内填充率：电力电缆不大于20%
3	配电箱/柜断路器校核	1）断路器的复核：利用负荷计算表的数据，核对每个回路的计算电流，是否在该回路断路器的安全值范围内； 2）变压器容量的复核：在所有回路负荷计算完成后，进行变压器容量的复核； 3）配电箱、柜尺寸优化（合理优化元器件排布、配电箱进出线方式等）
4	照明回路校核	1）根据电气系统图与平面图列出图示所有回路的如下参数：配电箱/柜编号、回路编号、电缆/母线规格、回路负载功率/电压； 2）根据《民用建筑电气设计标准》GB 51348中用电负荷选取需要系数，按相关计算公式计算出电压降及安全载流量是否符合要求
5	电缆优化	1）根据电气系统图列出所有回路的参数：如电缆/母线规格等； 2）向电缆/母线供应商收集载流量、选取温度与排列修正系数； 3）电缆连接负载的载荷复核； 4）根据管线综合排布图进行电缆敷设路由的优化
6	灯具照度优化	应用BIM技术对多种照明方案进行比对后，重新排布线槽灯的布局，选择合理的排布方式，确定最优照明方案，确保照明功率以及照度、外观满足使用要求，符合绿色建筑标准

2）给水排水专业采购选型与设计协调内容

给水排水专业采购选型与设计协调内容见表6.3-6。

给水排水专业采购选型与设计协调内容   表 6.3-6

序号	校核参数	专业沟通
1	生活给水泵扬程	1）根据轴测图选择最不利配水点，确定计算管路，若在轴测图中难判定最不利配水点，则同时选择几条计算管路，分别计算各管路所需压力，其最大值为建筑内给水系统所需压力； 2）根据建筑的性质选用设计秒流量公式，计算各管段的设计秒流量值； 3）进行给水管网水力计算，在确定各计算管段的管径后，对采用下行上给式布置的给水系统，计算水表和计算管路的水头损失，求出给水系统所需压力。给水管网水头损失的计算包括沿程水头损失和局部水头损失两部分
2	排水流量和管径校核	1）轴测图的绘制：根据系统流程图、平面图上水泵管道系统的走向和原理大致确定最不利环路，并根据 Z 轴 45° 方向长度减半的原则绘制出管道系统的轴测图； 2）根据建筑的性质选用设计秒流量公式，计算各管段的设计秒流量值； 3）计算排水管网起端的管段时，因连接的卫生器具较少，计算结果有时会大于该管段上所有卫生器具排水流量总和，这时应按该管段所有卫生器具排水流量的累加值为排水设计秒流量
3	雨水量计算	1）暴雨强度计算应确定设计重现期和屋面集水时间两个参数，本项目设计重现期取 5 年，屋面集水时间按 10min 计算； 2）汇水面积一般按"m²"计，对于有一定坡度的屋面，汇水面积不按实际面积而是按水平投影面积计算，窗井、贴近高层建筑外墙的地下汽车库出入口坡道，应附加其高出部分侧墙面积的 1/2，同一汇水区内高出的侧墙多于一面时，按有效受水侧墙面积的 1/2 折算汇水面积； 3）雨水斗泄流量需确定参数：雨水斗进水口的流量系数、雨水斗进水口直径、雨水斗进水口前水深
4	热水配水管网计算	1）热水配水管网的设计秒流量可按生活给水（冷水）设计秒流量公式进行计算； 2）卫生器具热水给水额定流量、当量、支管管径和最低工作压力同给水规定
5	消火栓水力计算	1）消火栓给水管道中的流速一般以 1.4～1.8m/s 为宜，不允许大于 2.5m/s； 2）消防管道沿程水头损失的计算方法与给水管网计算相同，局部水头损失按管道沿程水头损失的 10% 计算
6	水泵减振设计计算	1）当水泵确定后，所设计减振系统形式采用惯性块＋减振弹簧组合方式； 2）减振系统的弹簧数量采用 4 个或 6 个为宜，但实际应用中每个受力点的受力并不相等，应根据受力平衡和力矩平衡的原理计算每个弹簧的受力值，并根据此数值选定合适的弹簧及计算出弹簧的压缩量，以尽量保证减振系统中的水泵在正常运行时是水平姿态
7	虹吸雨水深化	1）对雨水斗口径进行选型设计，对管道的管径进行选型设计； 2）雨水斗选型后，对系统图进行深化调整，管材性质按原图纸不变

3）暖通专业采购选型与设计协调内容

暖通专业采购选型与设计协调内容见表 6.3-7。

暖通专业采购选型与设计协调内容   表 6.3-7

序号	校核参数	校核过程
1	空调循环水泵的扬程	1）轴测图的绘制：根据系统流程图、平面图上水泵管道系统的走向和原理大致确定最不利环路，并根据 Z 轴 45° 方向长度减半的原则绘制出管道系统的轴测图； 2）编号和标注：有流量变化的点必须编号，有管径变化或有分支的点必须编号，设备进出口有独立编号。编号的目的是为计算时便于统计相同管径或流量的段内的管道长度、配件类别和数量并便于使用统一的计算公式

序号	校核参数	校核过程
2	空调机组/送风机/排风机机外余压校核	1）计算表须表示或者包含了以下内容： ① 管段编号； ② 管段内详细的管线、管配件、阀配件的情况（型号及数量）； ③ 实际管段的流速； ④ 根据雷诺数计算直管段阻力系数 λ 或查表确定 λ，计算出比摩阻； ⑤ 计算直管段摩擦阻力值（沿程阻力）； ⑥ 查表确定管配件或阀件、设备的局部阻力系数或当量长度； ⑦ 汇总管段内的阻力； 2）计算中可能涉及一些串接在系统中的设备的阻力取值，例如消声器、活性炭过滤器等，须按照实际选定厂家给定的值确定
3	空调循环水泵的减振设计校核	1）当空调循环水泵确定后，需要设计减振系统，减振系统形式采用惯性块+减振弹簧组合方式；惯性块的质量取水泵质量的1.5~2.5倍，推荐为2倍，惯性块采用槽钢或6mm以上钢板外框+内配筋，然后浇筑混凝土，预埋水泵固定螺杆或者预留地脚螺栓安装孔，密度按2000~2300kg/m³计算； 2）当系统工作压力较大时，需要计算软接头处因内部压强引起的一对大小相等方向相反的力对减振系统的影响； 3）端吸泵的进出口需要从形式设计上采取措施，使得进出口软接头位于立管上，这样系统内对软接头两侧管配件的推力会传递到减振惯性块上（下部）及上部传递到弯头或母管上； 4）减振系统的弹簧数量采用4个或6个为宜，但实际用中每个受力点的受力并不相等，根据受力平衡和力矩平衡的原理计算每个弹簧的受力值，并根据此数值选定合适的弹簧及计算出弹簧的压缩量，以尽量保证减振系统中的水泵在正常运行时是水平姿态
4	锅炉烟囱的抽力校核	1）根据实际选定的锅炉设备的额定蒸发量/制热量、当地的燃气热值确定锅炉的烟气量，并由锅炉厂家给定烟气的排烟温度； 2）对于蒸汽锅炉，当需要安装烟气热回收装置时，按设计的温度计算，一般按照排烟温度150~160℃考虑； 3）当有多台锅炉合用烟道时，按最不利的设备考虑烟气抽力和排烟阻力之间的关系
5	风管系统的消声器校核	1）对于噪声敏感区域，例如办公室、商铺、公共走道等区域需要考虑消声降噪措施，其中一个主要控制措施为区域内的风口噪声；在风道风速已控制在合理范围的情况下，风口噪声主要为设备噪声的传递，为降低设备噪声对功能房内的影响，需要按设计要求选择合适的消声器； 2）根据最终批准的设备所具有的八倍分频噪声数据，结合管线具体走向、流速、弯头三通情况、房间内风口分布情况等计算出消声器需要具备的各频率下的插入损失值，并结合厂家数据库选出消声器型号
6	室外冷却塔消声房的设计校核	1）冷却塔散热风扇需要具有50Pa的余量，即使冷却塔进排风回路附加了50pa消声器阻力值，也不影响冷却塔的散热能力； 2）根据冷却塔八倍分频声功率级噪声数据，计算冷却塔安装区域到最近的敏感区域的影响，并计算出当达到国家规定的环境噪声标准时需要设置的消声器的消声量，然后据此选厂家对应型号； 3）为保证气流经消声器的阻力不大于50Pa，控制进风气流速度不大于2m/s。一般，冷却塔设置在槽钢平台上，以使拼接后的冷却塔为一整体。槽钢平台下设置大压缩量弹簧，建议压缩量为75~100mm范围的弹簧以提高隔振效率。弹簧为水平和垂直方向限位弹簧并有橡胶阻尼，防止冷却塔在大风、地震等恶劣天气下出现倾倒

续表

序号	校核参数	校核过程
7	防排烟系统风机压头计算	1）当一台排烟风机负责两个及两个以上防火分区时，风机风量是按最大分区面积 × $60m^3/(h \cdot m^2) \times 2$ 确定的，但每个防烟分区内排烟量仍然是面积 × $60m^3/(h \cdot m^2)$。计算时选定了两个最不利防火分区并假定两分区按设计状态运行，此时两分区排烟量值一般是不大于排烟风机设计风量的，但在两分区汇总后的排烟总管，须按照排烟风机的设计风量进行计算； 2）楼梯加压及前室加压计算，需要根据消防时开启的门的数量，保证风速计算，用门缝隙漏风量计算方法检验，取两者较大值
8	空调冷热水管的保温计算	1）不同厂家不同材质不同密度的保温材料的导热系数不同，如选用厂家资料与设计条件有偏离，需要进行保温厚度计算； 2）对空调冷冻水一般采用防结露法计算，对高温热水管道一般采用防烫伤法计算
9	空调机组水系统电动调节阀CV值计算及选型	当空调机组选定后，空调机组水盘管在额定流量下的阻力值由设备厂家提供，依据此压降数值，按照电动调节阀压降不小于盘管压降的一半来确定阀门压降，流量按盘管额定流量计算出阀门流通能力，并根据这些数据，查厂家阀门性能表确定具体型号
10	空调水系统平衡阀的计算及选型	在计算出循环水泵的最不利环路确定水泵扬程后，对于此系统内的非最不利环路则存在水泵扬程过高的问题，为平衡各环路间的压力降基本一致而做的工作就是水力平衡，采取的措施是附加静态平衡阀，调整其阻力

4）智能化专业采购选型与设计协调内容

智能化专业采购选型与设计协调内容见表 6.3-8。

智能化专业采购选型与设计协调内容　　　　　　　　　　　表 6.3-8

序号	校核参数	校核过程
1	桥架规格	1）把每条桥架内的电缆截面积进行求和计算，计算出桥架的填充率（控制电缆不大于50%），但也要根据实际情况进行调整； 2）线槽内填充率：控制电缆不大于40%
2	DDC 控制箱校核	1）DDC 控制箱元器件的复核：利用建筑设备监控系统点位表，核对每个 DDC 箱体内模块数量，以及相应的 AI、AO、DI、DO 点个数，校核所配备的接线端子数量，并考虑一定预留量； 2）DDC 控制箱尺寸优化（合理优化元器件排布、DDC 模块滑轨位置、DDC 控制箱进出线方式等）
3	交换机规格校核	根据核心交换机所接入的接入交换机个数、交换容量、包转发率等参数信息，并考虑一定冗余，确定核心交换机的背板带宽、交换容量、包转发率等参数
4	视频监控存储优化	1）根据视频监控系统的存储要求，以及视频存储码流、存储时间等参数，计算出实际存储总容量； 2）考虑视频监控存储方式、热盘备份、存储空间预留等因素，确定合适的存储硬盘数量以及合理的视频存储方案
5	智能化设备强电配电功率优化	1）根据 UPS 末端设备确定 UPS 实际容量，并考虑一定电量预留，确定强电配电功率； 2）根据 LED 大屏的屏体面积以及每平方米的平均功耗等参数，确定 LED 大屏的平均用电功率，考虑到屏体开机时的峰值功率约为平均功率的 2 倍，重新确定强电配电功率

5）其他专业采购选型与设计协调内容

其他专业采购选型与设计协调内容见表6.3-9。

其他专业采购选型与设计协调内容 表6.3-9

序号	校核参数	校核过程
1	电扶梯	1）根据需求确定每台电扶梯的速度、载重，根据电梯的运行速度确定冲顶高度，根据结构井道尺寸、门洞尺寸确定轿厢的长宽高，电梯单位图纸深化后确定圈梁施工部位； 2）提升速度、载重、控制系统对设备成本影响较大，电梯速度不宜超过1.5m/s，扶梯速度不宜超过0.5m/s； 3）除VIP等特殊电梯，其他电梯装修应以满足普通需求为宜，每台电梯预留装修质量需控制在300kg以内
2	索	1）拉索生产周期较长，需提前6个月确定深化设计能力强的分供商、进口索要预留充足的运输时间； 2）索夹的抗滑移和受力均匀性等非常规检查，材料到场前3个月确定试验方案、试验材料、试验单位

4. 采购与施工组织协同

（1）材料设备供应管理总体思路

采购工作和施工生产之间以施工生产计划、工序和材料设备需用计划为连接纽带。材料设备的供应工作是项目综合管理的重要环节，是确保工程顺利施工的关键。为满足施工工期等实际需要，短期内项目所用的材料设备种类多、数量大且为先进的国内外知名品牌。因受限于出图时间紧、工期节点紧张等客观因素，大量不同种类材料设备的采购、供应、储存、周转难度大。

为了实现快速采购和供应，针对供应量大、专业性强、采购周期长、运输风险大等大宗、特殊材料设备，加大项目物资采购供应管理工作力度，除配置物资供应工作的负责人、材料设备采购人员、计划统计人员、质量检测人员以及物资保管人员以外，还需对专业分包供应的材料设备配置相关协调负责人、协调管理人员，实行专人专职管理，全面做好项目的设备材料采购供应工作。

（2）材料设备协同管理

材料设备需用计划通过严肃性、灵活性与预见性相结合的原则进行编制，计划的审批严格把关，商务审核人员重点审核供应范围、控制计划数量；生产审核人员重点审核材料设备的种类、规格型号、清单数量、交货日期、特殊技术要求等，确保计划的整体性和严密性，减少失误，提高效率；物资采购部门按照供应方式不同，对所需要的材料设备进行归类汇总平衡，结合施工使用、库存等情况统筹编制采购计划，明确材料设备的排产周期、生产周期、运输周期等提高采购的准确性和成本的控制。采购人员向供应商订货过程中，应注明产品的品牌、名称、规格型号、单位、数量、主要技术要求（含质量）、进场日期、提交样品时间等，对材料设备的包装、运输等方面有特殊要求时，也应在材料设备订货计划中注明。

采购负责人根据工程材料设备的需用计划和总进度计划编制招标计划，计划中应有采购方式的确定、采购责任人、计划编制人员、招标周期、定标时间、采购订单确认时间、拟投标候选供应商等，还应根据材料设备的技术复杂程度、市场竞争情况、采购金额以及数量大小确定招标方式：集中招标、概算控制招标、公开招标、议标等。

供应商作为采购的供应主体，通过调研资源市场，不断发现并按照规定程序引入优质的国内外供应商，逐渐培育并形成战略合作伙伴，通过对供应商资质、价格、质量、供应能力、国际认证或相关质量认证、售后服务等比较和综合考评筛选出满足需求的合格供应商，通过全员积极主动地推荐优质资源，拓宽优秀供应商的引入途径，实现资源库的优质和充足。

6.3.4 资源配置

1. 劳动力配备计划

依据项目总体管理目标，结合施工部署及施工进度计划安排，本工程高峰期投入劳动力 2293 人，结构施工高峰期投入劳动力 1874 人。劳动力计划动态柱状图见图 6.3-2。

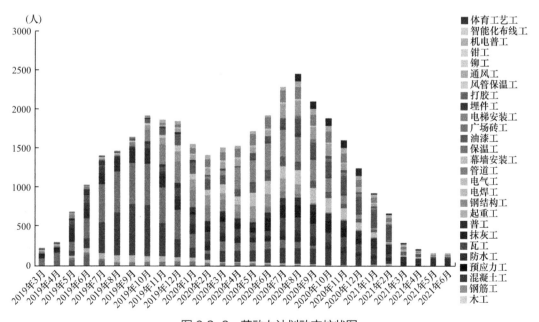

图 6.3-2 劳动力计划动态柱状图

2. 主要施工机械配备计划

根据施工需要，本工程施工机械配备计划如下：

（1）土方施工阶段

土方工程施工主要分为基坑支护、降水及土方开挖三个部分。

基坑支护采用旋挖桩支护，采用 12 台旋挖机成孔施工，现场加工钢筋笼，采用汽车起重机配合浇筑水下混凝土。

采用管井降水，共设置 85 口降水井，降水井采用 4 台旋挖桩机成孔作业。

土方开挖根据施工区域的划分，投入两组土方施工机械分段流水作业进行土开挖。土方开挖主要机械配置数量为：大型挖掘机 12 台、长臂挖掘机 4 台、装载机 4 辆、自卸汽车 120 辆、25t 汽车起重机 10 台、ZS-70 锚杆钻机。

（2）钢筋混凝土结构阶段

为满足工程主体结构施工期间钢筋、模板、钢管垂直运输需要，分阶段安装 14 台臂长 50～72m 的固定式自升塔式起重机，缓修区作业期间使用 5 台塔式起重机。

（3）钢结构施工阶段

足球场投入 750t 履带起重机 2 台，500t 履带起重机 2 台，300t 履带起重机 1 台，250t 履带起重机 1 台，100t 履带起重机 4 台，25t 汽车起重机 10 台。

（4）装饰装修、机电安装阶段

本阶段共投入物料提升机 7 台，25t 汽车起重机 4 台，高空升降车 20 台。

3. 主要周转料具投入计划

本工程主要周转料具投入计划见表 6.3-10。

主要周转料具投入计划　　　　　　　　　　　表 6.3-10

序号	材料名称	规格	需用量	开始进场时间
1	盘扣钢管	$\phi 60 \times 3.2mm$	2425.923t	2019 年 4 月
2	钢管	$\phi 48.3 \times 3.6mm$	420000m	2019 年 3 月
3	木方	50mm×100mm	1545.02m³	2019 年 3 月
4	方钢	50mm×50mm	200000m	2019 年 3 月
5	木跳板	50mm 厚	8.56m³	2019 年 3 月
6	槽钢	10 号	200m	2019 年 3 月
7	模板	1830mm×930mm×18mm	380000m²	2019 年 3 月
8	扣件	—	250000 套	2019 年 3 月
9	可调托撑	长 600mm，直径≥36mm	52000 套	2019 年 3 月
10	碗扣	—	2263.45t	2019 年 4 月

4. 主要工程材料投入计划

主要工程材料投入计划见表 6.3-11。

	主要工程材料投入计划		表 6.3-11
序号	名称及规格	需用量	开始进场时间
1	砌体（基础砖胎膜）	2081402 块	2019 年 3 月
2	砌体（二次结构）	1220362 块	2019 年 7 月
3	防水卷材	7.2 万 m^2	2019 年 4 月
4	钢筋	3 万 t	2019 年 4 月
5	商品混凝土	15 万 m^3	2019 年 4 月
6	保温	800m^3	2019 年 7 月
7	钢结构	25000t	2019 年 5 月
8	幕墙	—	2019 年 6 月

5. 工艺设备资源配置

工程设备方面，整合设备信息库，在设计过程中，根据参数筛选可供选用的设备，形成设备选型、品牌选择、设备采购、设备安装快速实现。体育场工艺设备配置见表6.3-12。

	体育场工艺设备配置表		表 6.3-12
序号	材料名称	设备数量	品牌名称
1	多联机	98 台	格力
2	空调机组	130 台	特灵
3	循环泵	57 台	爱福士
4	潜污泵	395 台	广州白云
5	变频泵组	10 套	广州白云
6	锅炉	5 台	韩国斯大
7	制冷机组	11 台	约克
8	柴油发电机	6 台	科勒
9	配电箱柜	2500 台	西电宝鸡
10	电缆	1600000m	成都康达、江苏上上
11	电线	4700000m	成都康达
12	母线	1500m	西门子

6. 分包资源配置

劳务队伍选择时，优先考虑具有体育场 / 大型公建项目施工经验、配合较好、能打硬仗的劳务队，同时也要考虑"就近原则"，在劳动力资源上能共享，随时能调度周边项目资源。

专业分包资源选择上，邀请在全国实力较强的专业分包单位，要求他们整合资源，在招标前进行施工及深化设计方案多轮次的汇报。通过多次汇报加强项目人员对专业性较强专业的学习和理解，并对各家单位相关情况进行直观了解，为后期编制招标文件及选择好的专业分包单位打下基础。建立优质专业分包库，用于专业分包选择。体育场专业分包资源见表6.3-13。

体育场专业分包资源表　　　　　　　　　　　　表6.3-13

序号	分包单位全称	施工内容	劳动力（人）
1	四川金顺达劳务有限公司	安装劳务	50
2	湖北泰盛达建筑工程有限公司	安装劳务	30
3	恒新工程建设有限公司	安装劳务	20
4	成都新云劳务有限公司	安装劳务	40
5	四川科宁建设工程有限公司	安装劳务	50
6	山叶建设工程有限公司	安装劳务	10
7	四川居安防水保温工程有限公司	安装劳务	10
8	四川科宁建设工程有限公司	消防设施工程专业分包	80

7. 机械设备资源配置

施工机械设备方面，通过整合公司内外部施工机械设备，提前选定合适的施工机械，保证施工机械的快速就位，从而保证体育场的高效建造。体育场机械设备资源见表6.3-14。

体育场机械设备资源表　　　　　　　　　　　表6.3-14

序号	设备名称	机械型号	机械数量（台）
1	货车	8t（长度6m）	4
2	电动液压叉车	1～3t	6
3	手动液压叉车	2.5～5t	10
4	机械伸臂式叉装车	2～4t	6
5	汽车起重机	25～50t	6
6	搬运小坦克	CRS-12	20
7	起轨器	—	30
8	卷扬机	10t	8
9	捯链	3～30t	40
10	液压升降台	ZTY5	123
11	风管生产五线机	SDL-V	1
12	焊接机器人	—	1

6.4 高效建造技术

6.4.1 基础阶段技术

1. 取消预应力管桩

根据前期局部勘察孔位情况，通过会议协商设计确定为预制管桩，现场通过对卵石地基引孔后发现施打困难。考虑到管桩需进行破坏性试桩试验，且工序复杂、易出现断桩及偏位等情况，同时基于高效建造目标，该工程在基础选型阶段引导设计将预制管桩方案调整为独立基础 + 局部筏形的基础形式，并成功实施，缩短工期 30 余天。具体见图 6.4-1、图 6.4-2。

图 6.4-1 预制管桩　　　　　　　图 6.4-2 独立基础 + 局部筏形

2. 配重法抗浮与锚杆抗浮施工技术

足球场内场区域抗浮施工处于关键线路上，采用锚杆抗浮方案需先进行试验锚杆施工，待 28d 后取得试验数据才能设计，工程锚杆施工后进行锚杆验收才能进行垫层施工。以高效建造为目标，本工程分别对方案、工期、成本进行分析对比，并组织召开专家论证会，力推采用压重抗浮的高效建造方案，并成功实施，加快工期 42d。工期对比见图 6.4-3。

3. 预铺反粘防水卷材施工技术

预铺防水卷材与传统卷材相比，无需底涂、基层要求低、松铺施工快捷、可不设混凝土保护层，仅需一层施工，即可达到一级防水要求，且后期使用期间即使漏水，也可以判断漏点，大幅度降低修补难度。

本工程在防水做法选型阶段引导设计采用预铺反粘的防水做法，选择施工快、强度高、延展性更好的 1.5mm 厚高分子防水涂料 +1.5mm 厚合成高分子自粘防水卷材来替代普通 SBS 卷材，在增加效益的同时，可加快工期 18d。预铺反粘实施效果见图 6.4-4。

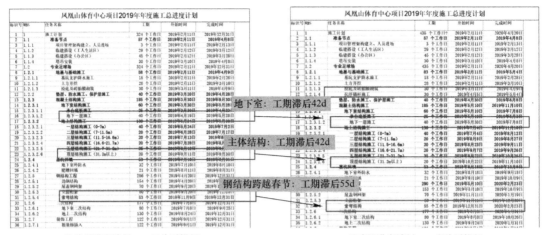

足球场进度计划——无抗浮锚杆   足球场进度计划——有抗浮锚杆

图 6.4-3   工期对比

图 6.4-4   预铺反粘实施效果

4. 跳仓法施工技术

根据设计图纸，本项目超长、超大混凝土结构较多，地下水位较高，若按后浇带留设方式施工，对后期进度及质量影响较大。经过多种施工方案的比较，若后浇带全部保留，无论采取哪种组织方案，工期均无法保证。经过反复研究论证，实行综合治理的技术可解决由结构超长而产生的裂缝。

将专业足球场通过预留施工缝划分为 4 个单体，使结构施工的长度大大缩小；由于足球场上部均设有钢结构，在其周围没有施工场地，因此主场馆外围采取滞后施工方案，待钢结构吊装完毕后，再行施工预留区域，这样各个单体同时施工的平面尺寸进一步缩小；在单体施工时，采用局部留设后浇带、部分留设施工缝，采用跳仓及跳仓递推的综合方法解决各项难题。

各施工段内根据施工资源配置及流水情况通过保留个别后浇带、局部设置跳仓缝等方案结合工期进度实际情况分为若干施工段，见图 6.4-5。

5. 塔式起重机超前安装

本工程基于 EPC"边设计边施工"的特点，在结构基础设计阶段，结合现场编制的塔式起重机部署方案，提前锁定塔式起重机定位图，通过反提资设计单位，优先进行塔式起重机基础区域标高的设计复核，在不影响结构基础的前提下，提前进行塔式起重机基础的开挖和浇筑，使塔式起重机的安装提前了 20 余天。

6.4.2 结构阶段技术

1. 现浇看台板施工技术

（1）施工组织优化

本工程为 EPC 管理模式下的大型专业足球场（6 万座），建筑面积约 15.76 万 m²，总工期

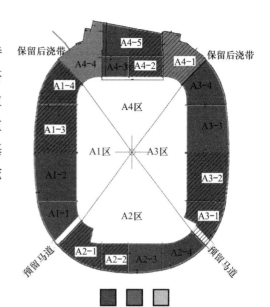

图 6.4-5 仓位施工顺序演示

730d（包括勘察—设计—施工）。建筑外形奇特，结构造型复杂、纵横向跨度大，区域南北向长 557m，东西向 290m。主楼区域（包括中、高看台板）下部有地下室，而低看台板无地下室，低看台板与中高看台板施工不同步，须待主楼区域挡土墙以及防水施工完成后，方可进行低看台板基础土方开挖施工，竖向施工组织难度大，见图 6.4-6。

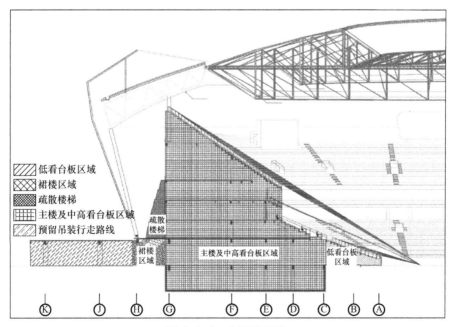

图 6.4-6 立面关系图

针对本工程特点，在施工组织上采用先施工地下室和主楼区域（包括中、高看台板），再施工低看台板及裙楼斜钢柱区域，留出其余裙楼作为屋盖钢结构吊装通道，待钢结构完成吊装后再施工剩余结构。具体分为 4 个施工区，13 个施工流水段，见图 6.4-7、图 6.4-8。

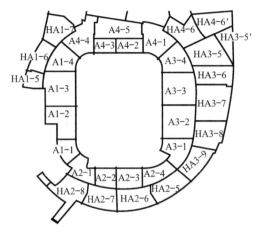

图 6.4-7　地下室施工流水段划分

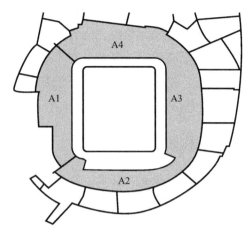

图 6.4-8　地下室主楼区域先施工区

（2）塔式起重机提前优化布置

基于 EPC 项目分阶段出图的实际情况，先出主楼（包括中、高看台板）图纸，再出裙楼图纸，直接造成塔式起重机布置难度大，且存在大量施工缝及施工洞口。本工程设置 14 台塔式起重机（其中 5 台 7528 型，5 台 7025 型，4 台 6013 型）。在裙楼结构图纸不齐全的情况下将塔式起重机基础避开轴线位置，降低塔式起重机基础底标高（将塔式起重机基础布置在预估结构基础底标高以下 1.5m）。

同时在塔身四周设置一道 200mm 厚钢筋混凝土挡墙，水平竖向均配置钢筋：双排 Φ14@200。挡墙与塔身之间的距离设置为 1000mm。当裙楼图纸完善后，为保证独立基础下部持力层稳定以及地下室底板顺利实施，塔身挡墙外侧、防水板底标高至塔式起重机基础顶标高之间的空隙采用 C15 素混凝土回填。待塔式起重机拆除后再补洞口。

（3）看台板施工顺序优化

本工程低看台板区域在地下室挡墙外，当主楼区域施工至地下室顶板时，向靠近低看台板支座处伸出 1.5m，作为 ±0.000m 以上楼层的施工操作外架平台板，地下室挡墙操作外架同时作为该楼板的支撑架。当地下室挡墙达到 100% 强度之后，拆除地下室挡墙外架，组织外墙防水及防水保护层施工。回填土完成后，低看台板底板施工前，对地下室挡墙与顶板阴角处回填不密实的位置进行水泥浆灌注。同时对施工缝位置剔凿清理干净，见图 6.4-9。

（4）预应力洞口封锚技术

根据项目施工部署，在屋盖索穹顶结构施工过程中，需在足球场低看台板区域环状布

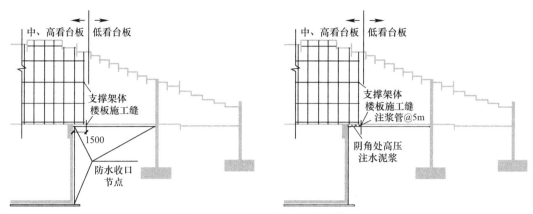

图6.4-9 看台板施工缝节点处理

置12个格构式提升架，其中7个提升架会穿过现浇看台板直接造成环向梁预应力筋将不可避免地在预留洞口处断开。如果按照原有设计文件要求连续布置预应力筋，将延后预应力张拉、推迟工期约15d。经设计校核确认后，采取在洞口边断开封锚的方式：板中无粘结预应力筋在遇到洞口时断开布置，但在洞口四周应附加预应力筋。预应力板筋遇洞口布筋见图6.4-10。

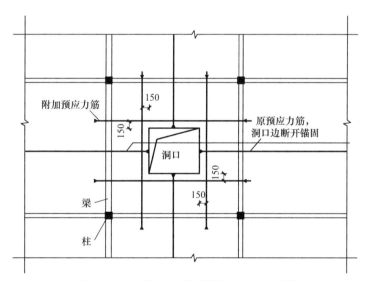

图6.4-10 预应力板筋遇洞口布筋示意图

2. 高支模施工技术

斜梁模板支撑体系复杂（最不利工况在高看台板区域，径向跨度12.6m、斜梁长度14.1m、斜梁倾斜角42°、斜梁截面尺寸为600mm×1400mm），同时看台板斜梁处混凝土浇筑时沿梁长倾斜方向下滑分力较大，不利于支撑体系稳定，危险系数较高。综合考虑生产安全与进度，采用快拆架体作为模板支撑体系。

（1）模板支撑体系

工况分析：看台板斜梁截面尺寸为 600mm×1400mm、板厚 80mm、支撑体系高度为 10m，采用盘扣架体支撑架体系，见图 6.4-11。

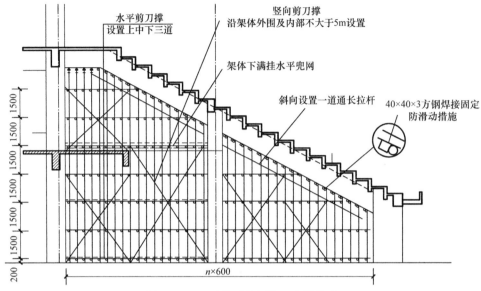

图 6.4-11　现浇看台板梁下支撑体系

1）梁模板采用 15mm 厚覆膜多层木模板。

2）梁底模板次龙骨采用 40mm×40mm×3mm 方管，间距不大于 200mm，主龙骨采用 ϕ48.3×3.6 双钢管，纵向间距 600mm，立杆支撑采用 ϕ60×3.2 盘扣（Q345 钢），梁侧及梁底设置 4 个支撑，纵向间距 600mm，横向间距 300mm。

3）板底支架立杆横向间距为 900mm、纵向间距 900mm，水平杆步距为 1500mm。

4）梁板底水平杆：扫地杆距地 200mm，水平杆步距 1500mm，梁底顶层步距 350mm。

5）梁侧模板次龙骨：40mm×100mm 木方间距不大于 250mm。

主龙骨采用 ϕ48.3×3.6 双钢管、纵向间距 450mm，对拉螺杆采用 3 道 M14 对拉螺杆，首道距梁底 150mm，顶部距板底 150mm。第二道居中布置，对拉螺杆纵向间距 450mm。

6）架体顶部、中部及底部设置连续的水平剪刀撑，沿架体四周及内部不大于 5m 设置纵横向连续竖向剪刀撑。

（2）混凝土浇筑顺序

为避免斜梁混凝土浇筑过程中产生过大的向下位移，需将看台板混凝土分为两阶段浇筑：先浇筑竖向立柱至斜梁底；柱混凝土达到 7d 强度后继续浇筑斜梁及看台板的混凝土。现浇看台板梁下支撑体系见图 6.4-12。

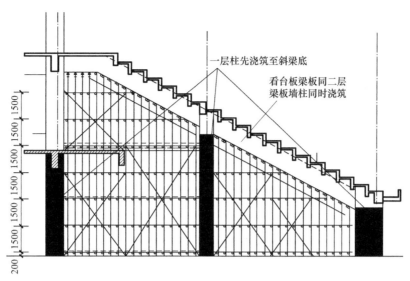

图 6.4-12　现浇看台板梁下支撑体系

（3）防倾覆措施

1）满堂支撑体系应在支模架的四周和中部与已浇筑的结构柱进行刚性连接，采用抱柱的方式将每一根结构柱与模板支撑体系连接，竖向间距为一步一抱。

2）由于看台板斜梁截面尺寸较大、倾斜角度较大，为防止混凝土浇筑过程中梁侧倾覆，在梁两侧添加两道水平支撑杆，沿梁跨度方向间距 1200mm。

3. 钢结构

足球场屋盖网架的最大悬挑长度 64m，最小悬挑长度 55m，其中悬挑根部厚度为 6m，悬挑端厚度为 4m。足球场外围立面采用钢柱＋钢梁结构。屋盖网架和外立面钢架形成一个连续受力的整体，屋盖网架通过成品铸钢固定铰支座支承在看台板柱柱顶，外立面钢架则通过板铰支座支承于 7m 平台的框架柱或框架梁上。

（1）网架分片吊装

屋盖网架部分安装内容主要包含 59 块网架分块单元、67 根外立面柱以及 47 根看台板柱，采用大吨位履带起重机分块吊装、设下临时支撑架的方式，网架分片吊装施工顺序见图 6.4-13。

1）外围立面钢柱采用 1 台 150t 和 1 台 135t 履带起重机场外沿环形带路进行吊装，看台板柱根据网架施工进度采用 500t 履带起重机

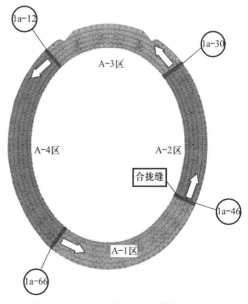

图 6.4-13　网架分片吊装施工顺序

吊装；钢柱均不分段整根吊装，同时外围立面钢柱下设临时支撑架；看台板钢柱安装时使用下部成品支座进行临时固定。

2）采用 2 台 500t 履带起重机在场外进行网架分块吊装，1 台 150t 和 1 台 135t 履带起重机进行网架下部支撑架吊装。其中 1 台履带起重机负责 A-1、A-2 区吊装，沿 1a-66～1a-30 轴逆时针施工；1 台履带起重机负责 A-3、A-4 区吊装，沿 1a-30～1a-66 轴逆时针施工，150t 履带起重机后续进行补杆。同时沿 1a-12、1a-30、1a-46、1a-66 设置合拢缝，其中 1a-30、1a-66 处合拢缝杆件在整体网架安装完成后进行后补安装，1a-12、1a-46 处合拢缝杆件提前点焊至结构上，在整体网架安装完成后再进行施焊。

（2）分段提前卸载拆除支撑架

根据足球场网架吊装分段要求，以及施工模拟计算结果，网架临时支撑胎架设置如图 6.4-14 所示。网架下部共布置内外两圈支撑架，其中内圈支撑架（B 类 2.5m×2.5m）支撑高度约为 25m，外圈支撑架（A 类 2.0m×2.0m）高度约为 40m。考虑支撑架高度及斜钢柱抗倾覆，在钢柱顶设置一道 ϕ18 缆风绳，在钢柱标高 31.000m 位置设置一道 180mm×10mm 方管与圆管柱埋件刚性连接，支撑架位置设置两道 ϕ14 缆风绳，见图 6.4-14。

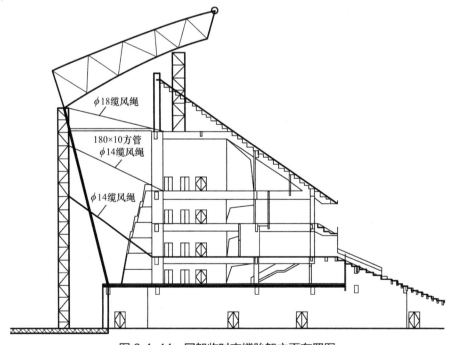

图 6.4-14　网架临时支撑胎架立面布置图

为确保缓修区结构工程的顺利推进，通过分析计算采用如下顺序逐步卸载、拆除外环支撑架：

卸载顺序为先外后内，单个分区网架（8 块）安装完后，预留端口处 2 个分块支撑架不拆，拆除第三块网架支撑架，后续随网架分块安装而依次拆除。外圈支撑架随网架安装一块拆除一块，合拢后两侧全部拆除。外圈网架分块内支撑架先卸载网架下弦球处支撑架，然后卸载柱下部支撑架。内圈隔一个支撑架拆除一个，最后内圈剩余支撑架分区分级卸载。为了避免支撑架卸载过程中，内环支撑架质量重分配，导致个别支撑点反力增大，采取分批次多级卸载。

（3）塔式起重机二次安拆

根据项目施工部署，为保证屋盖网架的顺利吊装，在足球场 A2 南区、A3 东区留设履带起重机行走路线缓修区。主楼结构封顶后拆除安装于缓修区的塔式起重机，采用粗砂回填保护塔式起重机基础。待钢网架吊装卸载完成、拆除支撑架后，在原位二次安装塔式起重机，为缓修区主体结构提供垂直运输。

4. 索结构累计提升

目前已成熟的索穹顶施工方法大致分为三种：高空散装法、无支撑架辅助索滑移安装法、索穹顶塔架提升索杆累积安装法。

本工程环向设置 2 圈环索、径向设置 80 道斜拉索，采用索穹顶塔架提升索杆累积安装法——"无牵引提升、低空累积安装、高空分批同步张拉"的施工方案，具有工期短、施工措施费低、造价低等特点，施工技术含量高。施工时，将内钢拉环向钢桁架和整个索网一起缓慢提升，提升至设计高度后再将索网与外环钢网架连接，并对索网进行张拉。由于"北高南低"的特性，将导致整个索网受力不均匀，因此须在施工前进行索网受力模拟分析，并进行缩尺试验以及索夹抗滑移和蠕变试验。索穹顶塔架提升索杆累积安装施工见图 6.4-15、图 6.4-16。

5. ALC 条板

为加快内隔墙施工，本工程采用新型墙体材料——ALC 蒸压加气混凝土墙板。ALC条板可定尺加工、精度高，可在现场直接进行组装拼接，施工速度快，同时免抹灰工艺可有效避免空鼓等质量隐患。ALC 蒸压加气混凝土墙板见图 6.4-17。

本工程 ALC 蒸压加气混凝土墙板设计参数：

（1）板厚 150mm，长度 6000mm，密度级别 B06；

（2）防火墙耐火极限不小于 3h，独立防火单元围合墙体耐火极限不小于 2h，疏散走道两侧隔墙耐火极限不小于 1h，房间隔墙墙体耐火极限不小于 0.75h；

（3）设备机房以及除库房、杂物间、卫生间以外其他主要功能房间四周墙体隔声量满足 R_w+C_{tr} 达到 45dB 以上；

（4）排板方式、构造措施及其他相关技术要求应满足我国现行相关规范、标准要求。

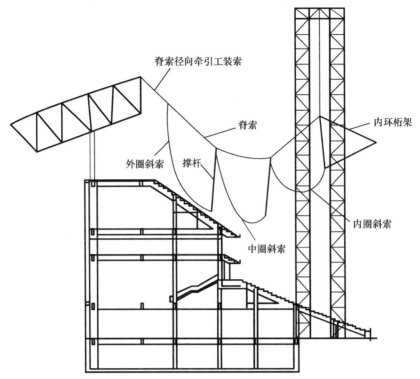

图 6.4-15 索穹顶塔架提升索杆累积安装施工（一）

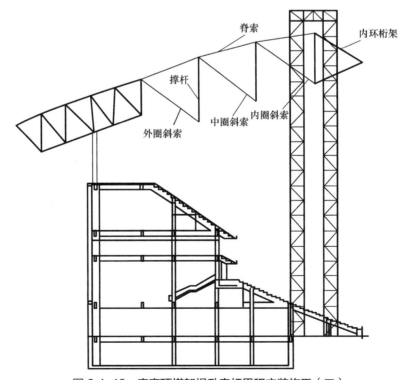

图 6.4-16 索穹顶塔架提升索杆累积安装施工（二）

6.4.3 机电施工技术

1. 弧形管道装配式施工技术

安装专业管道为配合体育场建筑外形及观
感质量，需布设大量的弧形管道，常规的弯管
安装方式多为斜切焊接、管件拼缝，无法完成
整体安装，均需要切割散拼施焊。这种安装施
工难度大，成本高，管道泄漏风险性较大，安
装整体的成型效果不佳。为保证安装后的整体

图 6.4-17　ALC 蒸压加气混凝土墙板

效果，凤凰山体育中心项目结合现场实际情况，加强对弧形管道制作安装的整体管理，从
弧形管道深化开始，充分考虑施工过程中弧形管段材质、连接方式、运输介质等因素，保
证弧形管道拼装误差在可控范围内，实现了弧形管道安装施工。弧形管道装配式施工工艺
流程见图 6.4-18。

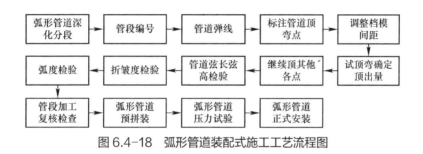

图 6.4-18　弧形管道装配式施工工艺流程图

2. 装配式机房施工技术

装配式机房施工技术是在固定的场所集中进行流水线化、标准化，工厂化装配不受场
地、交叉施工、材料等环境元素的制约和干扰，从而保证质量控制过程的掌控。通过 BIM
模型可以精准地统计材料的分类、需求数量等信息，为材料的采购、预制下料等提供方
便。工厂化加工人员相对固定、材料集中管理，方便质量、进度、管理的协调和控制，现
场安装的人员少，安装工序简单、便捷，真正实现"多、快、好、省"。现场安装仅需少
量工具，施工组织方便。不需要配备复杂的电源电缆、切割机具等，降低了施工组织的复
杂性，极大消除了漏电和火灾的危险隐患。装配式机房施工工艺流程见图 6.4-19。

3. 导线连接器施工技术

导线连接器的原理是通过螺纹、弹簧片以及螺旋钢丝等机械方式，对导线施加稳定可
靠的接触力，能确保导线连接所必需的电气连续、机械强度、保护措施以及检测维护等要
求。适用于额定电压交流 1kV 及以下和直流 1.5kV 及以下建筑电气细导线（6mm² 及以下
的铜导线）的连接。其特点主要有外壳阻燃材料，耐温 105℃；连接牢固，不易松脱，单

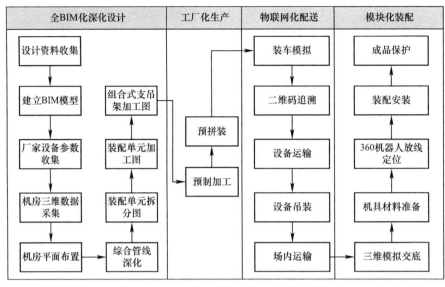

图 6.4-19 装配式机房施工工艺流程图

股线多股线皆适用，通用性强；线与线之间直接传导电流，不存在载流量的概念，接头只起紧固作用，并不参与导电过程，根据电气相关理论，电气线路中参与导电的环节越少，可靠性越高；耐压绝缘，绝缘电压达 600V；操作简单快捷，单个连接器操作约 10s，大量节约工时，提高施工效率。施工时依据被连接导线的截面积、导线根数、软硬程度，选择正确的导线连接器型号，再根据连接器型号所要求的剥线长度，剥除导线绝缘层即可进行导线连接。

4. 新设备应用技术

（1）自动焊接技术

自动焊接技术是指在管道相对固定的情况下，焊接小车带动焊枪沿轨道围绕管壁运动，从而实现自动焊接。焊接过程由机械和计算机控制完成，受人为影响因素小，所以管道自动焊具有焊缝质量好、焊接效率高等优点。一般而言，全位置自动焊接装置由气保焊接电源、气保送丝机构、磁力焊接小车、焊接控制系统四大部分组成。适用管径为 DN150以上管道，管道壁厚不小于 5mm，适用材质为碳钢、合金钢、低温钢等，适用各种管段焊缝。本项目水暖管道规格型号众多，根据设计图纸管道规格多为 DN600、DN400 等，利用自动焊接技术可以大大提高现场焊接质量和效率，节约成本，同时在管道工程施工中，焊接质量是保证工程质量最重要的环节之一，焊接效率也直接影响着施工进度，即工程的质量和进度取决于焊接质量和焊接进度。故本项目对空调大管道焊接采用自动焊接技术。

（2）工厂化生产线

1）伸缩移动式干式喷漆房

伸缩移动式干式喷漆房主要用于室内喷漆，设计了含喷漆废气的处理系统，有效控制污染物排放量，减少大气污染。同时，伸缩移动式设计能有效利用活动空间，不进行喷漆时，可将伸缩移动式喷漆房合拢，腾出空间作为机动场地，达到了有限空间多重利用的效果。废气处理流程如图 6.4-20 所示。

喷漆废气 → 干式净化 → UV光氧废气处理 → 活性炭吸附 → 15m高排气筒

图 6.4-20　废气处理流程图

主要特点如下：

① 框架传动结构：每组框架间均由高强阻燃抗拉伸的 PVC 布连接而成，安装快捷，外形美观。

② 安全平稳：伸缩房移动前室采用两边同时驱动、互相连锁、安全双限位控制，可沿着地面铺设的轨道前后自如伸缩移动，机械运行安全平稳。

③ 环保高效：利用特制的高能高臭氧 UV 紫外线光束照射恶臭气体，裂解细菌的分子链，彻底达到除臭及杀灭细菌的目的，减少大气污染。同时，采用迷宫型干式过滤纸，油漆吸附能力是其他过滤材料的 3～5 倍，而且是深度吸附而非表面吸附。

2）全自动风管加工五线机

全自动风管加工五线机是一套高质量的共板法兰生产线，其具有产能高、成本低、操作简单高效、体积小、节约资源及原料的特点。由于本项目风管体量大，工期紧张，因此现场采用全自动风管加工五线机用于加工风管。它由电动双盘放料架、送料调平压筋机、剪角部分、剪板部分、移位咬口机、双机联动自成法兰机、折弯部分组成。其中，电动双盘放料架有保护板料表面的作用；送料调平压筋机一次可以成形具有五线弧度、角度的形状，使成形的板材刚性大大增强；剪角部分拆换非常方便；剪板部分用于剪板下料，换料时剪去直角边；移位咬口机能实现剪断咬口功能；双机联动自成法兰机能通过其前部的导料板进入轧辊，完成法兰的成形；折弯部分是当板料在成形法兰后，继续前行，当走到预设的折弯长度时，上梁下行压紧，折弯机折板动作，完成板料的折弯。

3）液压联合冲剪机

液压联合冲剪机是一种新型的冲剪机设备，被广泛应用在钢模、车辆、桥梁等工程中，性能可靠。床身由机身、机座、型钢支架、剪切工作台构成。机身、机座接纳钢板焊接、接纳螺栓持续，具有工作时需要的强度和刚性、拆卸安装时的便捷。液压联合冲剪机机械尺度融合有冲孔工位、槽钢及角钢剪切工位、厚板剪切工位、圆钢及方钢剪断工位、切角工位，配备冲大孔、板材折弯、槽钢型钢冲孔、百叶窗及管材切角等附件，尺度融合五个工位及双液压工作站，可同时自动工作。同时支架设有不同尺寸的方孔、圆孔，使方钢、圆钢能够顺利通过实施剪切，具有操作方便、节能、节约成本等特点。同时，钢板剪切工作台上设有自动压料机构，工作台上还设有挡块，用作定位剪切，该挡块可作任意角度，根据被剪切工件厚度可压料油缸压脚上的螺母，主要特点如下：

①排除老式机械剪切机齿轮转动部分易损、易坏、噪声大等缺点；

②排除液压剪切机、液压元件及电气部分易出现故障和渗油等缺点；

③操作方便，剪切精度高，可通过编程设定剪切板料宽度及次数；

④采用液压传动，整机结构合理、质量轻、噪声低、轻便可靠且具有过载性能；

⑤五个工位及双液压工作站，可同时独立工作，无需进行任何水平调试，摆放就位后即可使用，可选配 CNC 控制系统以增加自动化冲孔及剪切效率；

⑥采用顶尖加工技术，机架整机焊接而成，经高温淬火处理，使机架具备高刚性、高强度；

⑦刀具经特殊真空高温处理，使用寿命较长；

⑧剪切所需动力装置，耗电少、节能、低噪声、无污染；

⑨制造结构先进、易损件少、无需维修。

该项目主要用于槽钢、方钢、圆钢、H 型钢、工字钢等钢材剪切、冲孔、折弯，可大大提升支架加工效率，节约施工成本。

6.4.4　装配式幕墙施工技术

本工程穿孔铝板幕墙立面呈流线型，整体造型复杂，横竖向均为渐变造型，且无规律，铝板分格错缝布置，铝板组合数量约 6000 块，拼装铝板数量约 6 万块，且尺寸各不相同。

单元式幕墙现场定位点少，系统吸收偏差能力强，灵活性高；零件由加工厂预制组装，质量高；加工好的板块可存放在工厂，节约现场场地，按需配送。以高效建造为目标，围绕工期、质量、成本对比分析，引导业主采用装配式幕墙施工方案，并成功实施，缩短工期 3 个月。装配式幕墙效果见图 6.4-21。

图 6.4-21　装配式幕墙效果图

6.5 高效建造管理

6.5.1 组织管理

总包管理组织机构设置企业保障层、总承包管理层、施工作业层3个层次，按照对人员、资历、业绩的要求设置关键管理岗位，并配备相关项目管理人员，总包管理与总包实施项目由主管部门负责管理，项目公共部门负责配合，共同做好生产管理和服务。

建立直线职能＋强矩阵型组织架构模式，建立1个总包管理部、3个项目部的施工指挥系统；编制《凤凰山体育中心项目作业手册》，明确总包进行资源调配与体系管理职责，3个项目部主导现场施工生产的组织架构，以指导现场施工生产。

鉴于本工程的重要性，成立项目专家顾问团，为本项目土建、钢结构、金属屋面、幕墙、机电安装等各专业提供施工全过程的技术咨询服务。为各专业施工提供有力的配合，确保建造技术的先进性和可靠性，确保各项管理目标的实现。

6.5.2 设计管理

1. 设计管理组织机构

凤凰山体育中心将中建八局西南公司设计管理团队纳入总承包管理体系，项目设立设计管理部，其下设置专职设计经理1名、驻场设计师1名，装饰、风景园林专业设计师各1名，由总包部项目总工程师分管，见表6.5-1。

设计管理组织机构表   表6.5-1

序号	人员配置	工作职责
1	设计经理1人	对外协调勘察设计单位和业主设计管理部门的相关工作；对内牵头技术、商务、物资、工程各部门联动编制设计策划书；参与设计定案；及时反馈信息和优化整体策划统筹
2	设计秘书1人	设计图纸文件的管理（收发流程；建立台账；定期核销），设计优化策划的管理（确保优化策划项及时入图）
3	专业驻场代表2人	协调相关专业在现场的设计施工采购工作
4	专业负责人5人	负责相关专业设计方案的引导、优化和深化

2. 设计阶段划分和工作总流程

本工程总包方参与施工图设计阶段工作，主要专业详见图6.5-1，其中灰底色节点为建设单位工作内容。施工图与深化施工图工作流程见图6.5-2。

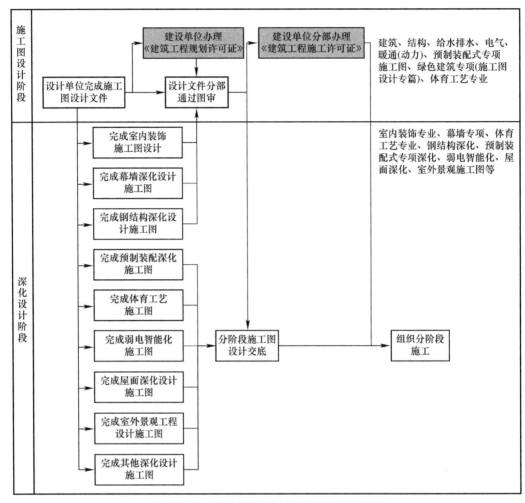

图6.5-1 设计阶段划分与设计工作总流程图

管理过程的相关要求如下：

（1）各节点分部施工图图纸的提交和开始施工之间预留足够时间，以满足采购和备料加工的周期要求；

（2）各分包单位提前介入；

（3）设计文件初稿审查阶段必须优先解决关键材料和设备的选型问题；

（4）设计文件送审稿之前需出具材料和设备技术规格书，包含材料和设备的参数以及型号，以满足采购、备料、加工的要求。出具正式的技术规格书以后，不应轻易变更。

3. 设计管理成效

基于"三边"工程的实际情况，本工程充分发挥EPC总包方的优势，将设计进度纳入工程总进度计划范畴，通过倒排工期，牵头编制设计总进度计划，依托业主形成有效管控依据。

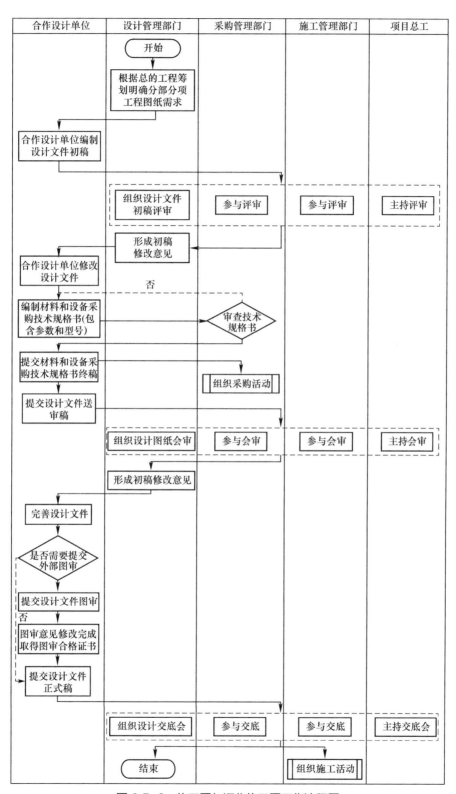

图 6.5-2 施工图与深化施工图工作流程图

　　根据现场需要，分阶段、分部位制定与落实设计出图节点（详见表6.5-2、表6.5-3），紧密配合施工生产进度。设计单位对设计质量整体把控，过程跟踪确保现场不停工、不窝工。

　　为积极推进设计管理工作，减少过程设计出图错误，项目成立BIM技术团队，进驻设计单位，与设计人员联合办公，做到设计到哪里，BIM建模到哪里，通过BIM模型分析，提前发现有关设计碰撞问题，较好地解决设计过程中的错误，为设计争取时间。

　　提前编制足球场各专业专项深化计划，明确深化设计及审图节点，细化各参建单位深化设计的责任与义务，并实时跟踪把控各深化设计处于可控状态。

　　该工程通过上述一系列举措，大大缩短了施工图设计周期，现场进度未出现因"边设计边施工"受到大的影响，成功实现了设计阶段的快速建造。

凤凰山体育中心设计进度计划　　　　　　　　　　　　　表6.5-2

专项名称	设计内容		计划时间	完成情况	未完成原因分析	未完成原因单位	对现场影响	重新约定时间	此计划节点要求业主提供的条件	出图单位及责任人	备注
建筑	建筑措施表		2019.4.15	按时	—	—	—	—	—	西南院	4.3发初版 4.15发第二版
	建筑总说明		2019.5.30	—	—	—	—	—	—	西南院	
	体育馆、足球场	地下室建筑平面图	2019.3.20	按时	—	—	—	—	—	西南院	
		地下楼电梯、坡道大样图	2019.4.15	按时	—	—	—	—	—	西南院	
		地上一层建筑平面图	2019.4.25	按时	—	—	—	—	—	西南院	
		立、剖面图	2019.6.30	—	—	—	—	—	—	西南院	已发初版图
		墙身大样图	2019.6.30	—	—	—	—	—	—	西南院	
		地上楼电梯、扶梯、卫生间大样图	2019.6.30	—	—	—	—	—	尽快确定电梯品牌	西南院	—
		地上二层建筑平面图	2019.5.30	按时	—	—	—	—	—	西南院	已发初版图
		地上三层以上建筑平面	2019.6.30	—	—	—	—	—	—	西南院	已发初版图
	配套商业	地下二层建筑平面图	2019.5.11	按时	—	—	—	—	—	西南院	已发初版图
		地下楼电梯、坡道、扶梯大样图	2019.6.30	—	—	—	—	—	尽快确定电梯品牌	西南院	—
		地下全套施工图	2019.6.10	按时	—	—	—	—	—	西南院	已发初版图
		地上全套施工图	2019.6.30	—	—	—	—	—	—	西南院	已发初版图
结构	体育馆	抗浮提资	2019.3.8	按时	—	—	—	—	—	西南院	—
		基础底板施工图	2019.3.20	延后	—	—	—	2019.3.23	—	西南院	—
		柱、墙插筋图	2019.4.3	按时	—	—	—	—	—	西南院	—

续表

专项名称	设计内容		计划时间	完成情况	未完成原因分析	未完成原因单位	对现场影响	重新约定时间	此计划节点要求业主提供的条件	出图单位及责任人	备注
结构	体育馆	第一节钢柱深化图	2019.4.6	按时	—	—	—	—	—	五冶	后期因西南院图纸变化而修改
		第二节钢柱深化图	2019.5.1	按时	—	—	—	—	—	五冶	等西南院回复确认，口头已同意
		地下室顶梁板施工图	2019.4.15	延后	1)HKS进行看台板优化；2)设备专业人手不足，提资滞后；3)2019.4.12定案过晚	业主/西南院	进度影响约10d，造成半停工	2019.4.24	—	西南院	
		地下室顶板层预应力施工图	2019.4.20	延后	建筑平面未完全确定	西南院	进度影响4d	2019.4.24	—	西南院	
		地下室顶板层预应力深化图	—	—	—	—	—	—	—	—	西南院地上不同意用调仓法，板内预应力不需要进行深化
		第三节钢柱深化图	2019.5.22	—	西南院图纸有更新	西南院	—	2019.5.24	—	五冶	—
		地上一层结构施工图	2019.5.15	按时	—	—	—	—	—	西南院	—
		地上一层预应力深化图	—	—	—	—	—	—	—	—	西南院地上不同意用调仓法，板内预应力不需要进行深化
		第四节钢柱深化图	—	—	—	—	—	—	—	五冶	—
		地上二层结构施工图	2019.5.30	按时	—	—	—	—	—	西南院	—
		第五节及以上钢柱深化图	—	—	—	—	—	—	—	五冶	5.30西南院提供深化配合图

凤凰山体育中心体育场屋面专项深化设计　　　　表6.5-3

单位	主要事项	计划时间	完成情况	需配合事项	备注
巨力	环索锚具加工图纸	2019.6.5	—	2019.6.7西南院确认	
	提交最终索夹、撑杆定型图纸	2019.7.15	—	2019.7.20西南院确认	因索夹与张拉施工、主体钢结构、拉索等密切相关，如因相关单位在配合方案上的不确定和更改等，索夹、撑杆图纸顺延
	首批货物到国内港口	2019.11（初）	—	—	运输及办理海关手续运至现场周期大约10个工作日
	第二批货物到项目部	2019.11（底）	—	—	—
	索夹及撑杆到达项目部	2019.10.28	—	—	—
贵绳	锚头深化设计	2019.6.10	—	2019.6.15西南院审核	—
	产品发运进场	2019.10.15			

续表

单位	主要事项	计划时间	完成情况	需配合事项	备注
西南院	拉索结构形式确定，定长或可调，调节量	2019.6.2	—	—	贵绳要求
	锚头深化图确认	2019.6.15	—	—	贵绳要求
	锚头涂装要求，提供色板	2019.7.15	—	—	贵绳要求
	应力索长及索编号，初始应力索长L值及位置编号	2019.7.15	—	—	贵绳要求
	环索锚具加工图纸确认	2019.6.7	—	—	巨力要求
	巨力提交的最终索夹、撑杆定型图纸、加工图纸进行确认	2019.7.20	—	—	巨力要求
	—	—	—	—	贵绳要求

6.5.3　计划管理

1. 计划管理组织机构

总承包管理部下设置计划管理部，配置计划经理1名，计划专员1名，对项目部各项计划进行管理和考核以及进度计划纠偏维护。

2. 制定计划

开工1个月内由总承包项目经理组织编制完成项目总进度计划，作为整个项目的计划总纲，项目部所有部门根据计划总纲倒排各系统计划，如设计进度计划、施工方案编制计划、工程实体进度计划、专业队伍招标计划、设备物资采购计划、材料选样封样计划、质量样板验收计划、分部分项验收计划等，明确责任部门及责任人。计划编制完成后上报总包部计划管理部审核，由总包部项目经理审批后实施，由计划管理部负责考核，见表6.5-4。

进度计划责任表　　　　　　　　　　　表6.5-4

序号	计划名称	编制责任部门	责任人	职位
1	总进度计划	总包管理部	—	项目经理
2	设计进度计划	总包设计部	—	设计经理
3	施工方案编制计划	项目技术部	—	项目总工
4	分部分项工程验收计划	项目技术部	—	项目总工
5	工程实施月、周进度计划	项目工程部	—	生产经理
6	专业队伍招标计划	项目商务部	—	商务经理
7	设备物资采购计划	项目物资部	—	物资经理
8	材料选样封样计划	项目物资部	—	物资经理
9	质量样板验收计划	项目质量部	—	质量总监
10	安全物资及CI投入计划	项目安全部	—	安全总监

3. 挂图作战

所有部门将本项目的计划分解至月计划、周计划和日计划三级，并将三级计划打印上墙，即"挂图作战"。如在地下室施工阶段，将所有的分项工程完成时间按区段划分标明在图纸上，并对照现场实际作业面，每周详细梳理各部位工作完成情况，采用红、黄、绿标识，与作业队进行分析，若有滞后及时采取纠偏措施。进度计划见图6.5-3。

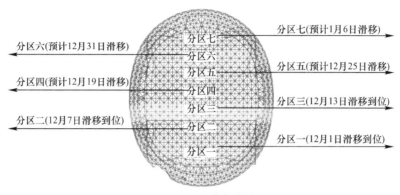

图6.5-3 进度计划

4. 计划红、黄牌制度

（1）鼓励项目全员积极调配资源、合理规划施工顺序，确保进度计划的顺利实施，并由计划专员负责对各项进度计划落实情况进行考核。

（2）对首次出现进度迟滞的非关键线路分项工程、挂黄牌标识，要求分项工程负责人向计划经理做情况分析，提出合理的追赶计划，并予以跟踪落实。

（3）对首次出现进度迟滞的关键线路分项工程或第二次出现进度迟滞分项工程，挂红牌标识，要求生产部门负责人在工程例会上做情况分析，并提出有效的纠偏措施，限期完成。

（4）对出现三次以上进度迟滞的分项工程，挂红牌标识，要求生产负责人在项目例会上说明情况，做出检讨并记录在案，并将该记录作为考核评级的依据。同时立责任状，限期完成，由计划经理负责监督管理。

（5）经过努力追赶上进度计划，由计划经理验收合格后撤销红黄牌，挂绿牌标识。

5. 劳动竞赛

组织全场所有劳务队伍进行劳动竞赛，根据每层、每个作业区段划分设置奖金池，在确保安全和质量的情况下，进度提前越多，奖金池累计奖金越高，在每个区段结构封顶时在当月进度款中兑现。通过正向激励机制，提高工人的积极性，确保进度。

6.5.4 采购管理

1. 采购组织架构及岗位职责

采购组织以直线职能+矩阵型，按照"三级管理制度"（公司层、分公司层、项目层）建立，涵盖全采购周期的组织架构，从根本上保障采购管理工作有序开展。成立以公司总经济师任组长，公司、分公司、项目部相关负责人任组员的招采小组；明确公司为决策层，分公司组织招采工作，项目部协助完成招采全项目周期的工作，见图 6.5-4。

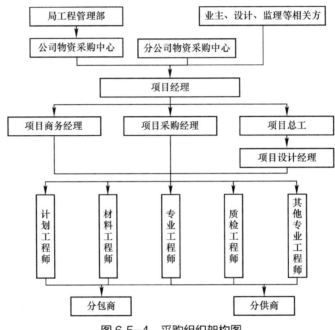

图 6.5-4 采购组织架构图

招标小组主要成员岗位职责见表 6.5-5。

招标小组主要成员岗位职责表　　　　　　　表 6.5-5

序号	层级	岗位	主要职责
1	公司	总经济师	审批采购概算； 审批招标模式和中标单位
2	公司	物资部经理	协调企业内、外采购资源整合； 审批招标文件、物资合同等相关招采事项
3	公司	法务部经理	负责招标文件、合同条款的审批
4	分公司	总经济师	审批分供商考察入库； 拟定中标分供商及相关招采事项
5	分公司	物资部经理	组织考察分供商、采购资源整合； 牵头组织招采工作

续表

序号	层级	岗位	主要职责
6	项目部	项目经理	参与招标采购、选择中标单位； 对接业主成本分管领导； 协调设计、采购、施工体系联动
7	项目部	总工程师	负责对招采提供技术要求； 负责招标过程中的技术评标和技术审核； 负责完成大型机械设备的选型和临建设施的选用
8	项目部	商务经理	负责采购预算量的提出； 负责招采控制价的提出； 负责合同外材料设备的业主认质认价
9	项目部	设计经理	负责重要材料设备技术参数的入图； 负责对材料设备招采提供技术要求； 负责新材料、新设备的选用； 负责控制材料设备的设计概算； 负责材料设备的设计优化，提高采购效益
10	项目部	采购经理	配合分公司完成招采工作，负责项目部发起的招采工作； 负责完成采购策划、采购计划的编制和过程更新； 负责与设计完成招采前置工作、采购创新创效工作； 负责控制采购成本、采购质量

2. 招标总体流程

为了实现招标过程快速开展，建立以招标清单、招标文件、分供商预审、开标、评标、定标、合同谈判、合同签订的招采全过程流程制度，见表6.5-6。

招采全过程流程表 表6.5-6

序号	关键活动	内容要求	时间要求	责任人
1	招标清单	商务部根据设计图纸完善招采清单	招标启动前10d	商务经理
2	招标文件	设计部和技术部根据设计要求提出材料设备技术参数和要求，物资部完善招标文件	招标启动前7d	总工程师、设计经理、采购经理
3	招标文件评审	物资部组织相关人员对招标文件（主要包含招标清单、技术参数、技术要求、交货周期、付款条件等）进行综合评审	招标启动前5d	采购经理
4	分供商资格预审	物资部组织相关人员对拟邀分供商进行考察筛选，主要从设计深化能力、生产能力、产品品质和性能、财务能力、管理能力、供货能力、售后服务能力、运输能力、业绩等方面考察	招标启动前3d	采购经理总工程师
5	标前答疑	投标人对招标文件中可疑条款提出书面意见，招标小组人员进行逐一答复，投标人书面回复确认	开标前3d	总工程师采购经理

序号	关键活动	内容要求	时间要求	责任人
6	开标评标	现场公开开标，开标完成后评标小组成员对投标人的投标文件进行评标	开标当日	采购经理
7	定标	评标小组成员共同讨论推荐拟中标候选人	开标完成后3d内	分公司总经济师
8	合同评审	依据招标文件、招标小组成员对合同条款评审并形成终审合同	定标完成后3d	采购经理

招标流程见图 6.5-5。

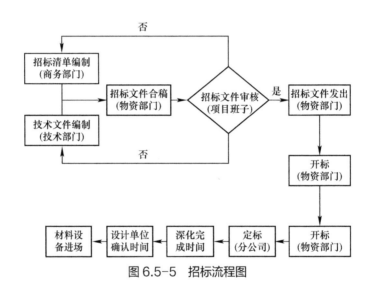

图 6.5-5　招标流程图

3. 采购策划重点

工期联动招采计划：根据总进度计划、进场计划时间、招采周期、加工周期倒排招采计划；主抓关键线路的主线材料设备招采，着力把控重要招采节点。

招采主导设计：对标同类场馆，定位材料设备档次，锁定材料设备品牌范围；提前沟通，主导设计，确保重要参数可控；实现多赢，固化效益。

丰富采购方式：加强战略集采，推进厂家直采，提高批量采购占比；强化新材料、新工艺应用；线下与电商平台结合采购，提高采购效率，科学控制库存率，降低采购成本。

采购＋体系联动：采购＋工程＝计划时效性与使用存储合理搭配；采购＋技术＝合理平面布局、提高运输、吊装效率，材料优化；采购＋商务＝总量把控与过程用量动态管理、预警监控；采购＋安全＝建立固体垃圾回收循环系统、排污循环装置、合理节能增效，标准统一、安全文明。

提前策划认价准备：提前策划认价形式，做好询价前置，材料设备招标预留投标供应商配合认价的有效报价资料，作为业主等相关方的询价依据。

4. 主要材料设备招标周期及品牌定位

根据专业足球场材料设备的使用功能、重要程度等综合评估，采购材料设备分 A、B、C 类。A 类为专业足球场特殊材料设备，B 类为采购周期长等材料设备，C 类为常规材料设备，具体见表 6.5-7。

主要材料设备招标周期及品牌定位表　　　　　　表 6.5-7

序号	施工阶段	材料设备类别	材料名称	分类	招标程序启动时间要求	加工/采购周期（d）	品牌定位
1	建筑部分	钢筋	HRB600 高强钢筋、直径 36mm 及以上	A	进场前 3 个月	45	河钢等行业前 50 强
2		钢结构	索结构材料	A	进场前 9 个月	国产：90；进口：180	进口：布鲁克、布顿；国产：巨力、贵绳、坚朗
3			膜结构材料	A	进场前 6 个月	60	日本旭硝子、德国诺沃氟
4			Q345B 带 Z 向性能 40mm 以上厚型钢板	B	进场前 4 个月	45	兴澄特钢、汉冶特钢
5			铸钢件	B	进场前 5 个月	90	江苏永益、京城环保、吴桥铸钢
6		砌体	ALC 板材（A5.0 B07）	C	进场前 3 个月	30	四川坤正、重庆川盛、重庆科华
7	安装部分	电梯	电梯、扶梯	A	进场前 5 个月	90	三菱、康力、日立
8		通风与空调	冷却塔	B	进场前 5 个月	60	览讯、空研
9		通风与空调	冷水机组	B	进场前 5 个月	60	约克
10		通风与空调	落地组合式空调机组	A	进场前 5 个月	60	格力
11	体育工艺	赛事场地	锚固草皮	A	进场前 6 个月	120	北京千峰
12		座椅	座椅	A	进场前 6 个月	120	大丰、亿洲
13		赛事照明	照明	A	进场前 5 个月	90	飞利浦、索恩、哈勃、玛斯柯
14		扩声系统	扩声	A	进场前 5 个月	90	EV、EAW、LA
15		视频系统	比赛场地 LED 斗屏、环屏、端屏	A	进场前 5 个月	90	三思、洲明、利亚德
16		智能化系统	体育专项弱电智能化系统	A	进场前 5 个月	90	华亿创新、星奥科技、倚天龙腾、中意明安
17			电视转播和现场评论系统	A	进场前 5 个月	90	日本佳耐美、雷莫、百通
18	垂直运输	钢结构吊装	履带起重机	A	进场前 3 个月	45	成都巨象
		材料吊装	塔式起重机	A	进场前 3 个月	45	庞源、正和

6.5.5　技术质量管理

1. 技术管理

按要求做好以下技术管理工作，做到先谋后施：

（1）图纸管理及与设计协调；

（2）设计变更、技术核定单管理；

（3）工程测量控制管理；

（4）技术复核管理；

（5）交界面协调处理；

（6）工程计量管理；

（7）规范标准管理；

（8）工程技术资料管理；

（9）材料、成品、半成品进行检验；

（10）施组方案编制与交底、方案实施过程中监督管理。

2. 质量管理

建立工程质量总承包负责制，即总承包项目部对工程的分部分项工程质量向发包方负责。指定分包单位对其分包工程施工质量向总包单位负责，总包对分包工程质量承担连带责任。

严格按企业质量管理手册的要求，实行样板引路制度、工序报验三检制、实测实量等管理制度，定期开展质量工匠之星活动，加强现场各工序检查与验收，确保鲁班奖。

质量管理制度：为加强质量管控，保证交底书中的质量细节内容能得到彻底贯彻落实，项目采用会议交底、现场交底、挂牌交底、BIM可视化交底、二维码交底墙等多重措施，确保各工序一次成优。项目开工前，制定项目样板实施计划表，每个样板对应一份样板旁站笔记和样板验收记录，未实施样板或样板未经过项目部、监理、业主验收，严禁大面积施工。项目积极推进信息化质量管理工作的开展，利用云筑智联管理平台、二维码技术、虚拟样板交底等技术，加强现场质量管理工作。为保证施工质量，除日常巡检之外，项目部每周组织质量大检查、品质工程专项检查及召开质量周例会；公司每月组织项目质量检查，项目部每月组织质量评比活动，严格对各区劳务进行考核。与分包签订质量专项协议，明确其施工质量管理责任。

质量工匠之星：为进一步助力企业高质量发展，弘扬"工匠精神，质量强国"的管理理念，强化现场管理能力提升，促进各级质量管理创优目标实现。项目每月开展质量工匠之星表彰活动，通过正向激励方式强化各级人员质量意识，变"被动质量"为"主动质量"，从而实现质量通病的事前控制。

成品保护制度：将根据施工组织设计和工程进展的不同阶段、不同部位编制成品保护方案；以合同、协议等形式明确各专业分包单位（含指定分包单位和独立施工单位）对成品的交接和保护责任，明确项目经理部对各分包单位保护成品工作协调监督的责任。

工程竣工验收及创奖：竣工验收由总承包牵头，所有分包单位按照合同要求执行并接受监督。各分包单位的工程技术档案在交档前由各分包单位自行整理完善，由总承包牵头，在工程竣工验收后统一整理移交给发包方、城建档案馆和施工单位自存。按照本工程奖项的约定：确保鲁班奖及詹天佑奖。为实现本工程创优目标，由总承包牵头项目创优总体策划安排，各专业分包负责具体落实相关创优要求。在施工管理过程中严格按照鲁班奖的标准进行施工，为最终的创奖打下坚实的基础。

6.5.6　安全文明施工管理

1. 安全施工管理

明确各级人员的安全责任，各级职能部门、人员在各自的工作范围内，对安全生产负责，做到安全生产工作责任横向到边，层层负责，纵向到底，一环不漏。

项目部每月组织危险源辨识会议，制定风险防控方案，分类汇总并建立台账，现场对危险源实施动态公示。

通过每周的安全检查，每周统计安全隐患大数据，及时调整安全管控策略及重点。

行为安全之星活动开展：项目部于2019年5月15日开展行为安全之星启动仪式，至今累计发卡5562次，投入资金55620元，可直接在生活区商店、水果店和食堂兑换。

每天召开早班会，开展形式多样的安全教育活动。

项目建立班组兼职安全员，每月底进行考核，对考核优秀的人员进行表彰。

2. 文明施工管理

重点围绕封闭管理、场区布置、场区保洁、材料堆放及垃圾清运、临时照明、消防及用电安全等方面开展工作，努力营造文明、和谐的场容场貌，以确保现场整洁良好的施工环境，同时又体现企业管理水平。施工现场四周设置连续封闭围挡，施工现场和生活区内都实行封闭式管理，在所有入口处均设置门岗，负责出入现场人员及车辆登记，不佩戴胸卡及安全帽的人员一律不许进入施工现场。

项目以服务职工、服务工友、服务大局为宗旨，坚持以人为本，注重人文关怀。利用项目部办公房、员工宿舍、生活区办公房及工友宿舍等进行资源整合，建设党群工作室、党建活动室、员工健身房、探亲房、工友村、进城务工人员学校、党群服务室、物业办公室、便利超市、理发室、水果店、医务室、夫妻房等，实现软硬件设施统筹安排使用，满足党员、职工及工友学习教育、活动保障、生活服务等，着力打造集党群及社会化服务为一体的综合性服务社区，进一步延伸党建"触角"，扩大服务覆盖面，让项目党建看得见、摸得着、做得实、用得上，从而营造项目"党建带群建、群建促党建、合力助发展"的新局面。

6.5.7　信息化管理

1. BIM 模型在施工过程中的应用

（1）从项目开始，项目 BIM 团队便进驻设计单位，与设计师同场办公，协同工作。通过参数化建模，发现图纸问题 400 余条，并及时与设计师沟通，在施工前解决问题，保证现场施工进度不因图纸原因而迟滞。同时通过 BIM 模型解决各专业之间的相互碰撞，优化机电设计方案，大幅度避免了返工，在保证进度的同时也避免了物料、人力资源浪费，有效节约项目成本。

（2）项目体量大，工程建造难度高。为了高效建造，技术人员利用 BIM 技术可视化的优点，验证技术拟想方案的可行性、工艺工法的合理性。截至目前，项目已通过 BIM 技术有效优化了 4 个钢筋节点的布局方案，完善了 7 项工艺工法，节约了资源，降低了操作难度。

（3）质量管理方面，利用软件搭建模型，将施工样板虚拟化、细致化，再将样板 BIM 模型进一步深化，重难节点放大，对其赋予材质、颜色、文字后生成动画、视频。虚拟样板具有节地、节材、易学易懂、传播性广、重复利用、不受时间与场地限制等优点，大大增加学习的便利性。

2. 无人机航拍技术

（1）土方开挖之前，项目运用无人机对原始地形地貌进行高清航拍，采集影像资料，为后期结算留存佐证资料。开挖阶段，对现场进行高空拍摄，采集场地及周边的客观影响因素，协助技术人员合理划分开挖区段。

（2）在场坪布置以及临设搭建阶段，运用无人机航拍高清照片与视频，将现场实景、图纸、BIM 模型三者相结合，综合考虑，做出合理的平面布置。同时还可协助施工布线以及监测施工围挡搭建，以减少人力损耗。

（3）在主体施工阶段，每周三次对现场进行周期性拍摄，截至目前已达 120 余次。每次拍摄的实际形象进度与各区段的计划进度对比，以便调控现场，合理安排劳动力。同时将形象进度照片发往设计单位，督促设计进度，按时出图。在双方的共同努力下，保证各个工期节点实现。

（4）针对部分不上人屋面或人力难以到达之处，如展示厅屋面、观光塔屋面、结构外立面等，无人机可前往对其进行录拍，参与过程验收，既保证人员安全，亦达到了验收的目的，留存了过程影像资料。

（5）高空钢结构作业开始后，作业安全尤为重要，利用无人机不定时巡视，监测高空作业人员的安全行为，既节省了巡视人员的时间与精力，也保证了自身安全，同时对高空作业人员起到了警示作用。对于违反行为规范的操作人员，可利用无人机进行悬停警示，并拍摄面部照片，便于后期加强对该人员进行有针对性的安全教育或做出处罚。

3. 云筑智联系统

云筑智联是集项目上运用的各个系统于一体的智慧平台，项目管理人员可在安全、进度、质量、物资、资料等板块实现有效的互动，协同工作，对项目进行更精确化的管理。平台还搭建了智慧鹰眼系统，硬件设备安装在观光塔顶部，视角囊括整个工地现场。利用鹰眼系统对工地进行全景成像，管理人员便于远程查看，全面了解项目进度、整体形象等。

（1）全景监控模块可对现场的塔式起重机、养护室、环境及水表的各项数据进行实时监测。项目安装塔式起重机防碰撞系统及吊钩可视化系统可以有效地预防塔式起重机安全事故，例如吊钩可视化可以让司机直观地看到吊钩的运行过程及状态，同时也可传回后台在系统里查看，在"隔山吊"或者视线不清楚的情况下，塔式起重机司机可清楚地掌握吊装情况，保障吊装安全。

（2）进度管理模块可将 BIM 模型、进度计划、现场实际航拍图三项结合起来，可直观地对比计划进度，管控实际进度。系统还可以通过查看进度曲线图对比、节点预警、各个工种对应的人数以及进退场的变化趋势图等，对项目整体进度以及各个节点进行及时把控。

（3）安全管理模块主要是将行为识别系统与人员实名制相结合，采用人脸识别系统替代传统的刷卡设备，实现无卡、高效的管理模式。将工地现场的摄像头智能化升级，可自动识别并抓拍人员的不规范行为，如未戴安全帽、吸烟等，同时在抓拍地点进行语音播报，以提醒纠正。系统后台也将自动记录违章人员的行为视频，相关管理人员可直接在平台上开具罚单。不仅节省了大量人力，还提高了安全管理时效性。

（4）安全教育系统是在生活区网络全覆盖的基础上做智慧升级，让工友在休息时间可以寓教于乐。本系统采用先答题后上网，答对题数越多网速越快，无形中强化了工友的安全意识。在后台还可以清楚地看到工友答题的时间段、题数、正确率等，对正确率高的工友进行一定的嘉奖。同时还可统计真实答题数据总结出错题类型，从而针对普遍性知识薄弱点，定期给予专项培训。

（5）混凝土车定位模块与混凝土罐车实时监控对接，可掌握车辆定位、行驶状态、进场时间等信息。通过该系统，现场管理人员结合混凝土车运输时间，灵活调控场内施工速度，确保混凝土合理、及时运抵项目，保证现场不间断作业。

（6）质量管理模块可精准定位质量问题所在位置，形成基于模型的质量电子档案。系统可生成质量周报、月报、年报等智能报表，便于集中处理问题，管理人员也可利用该系统打印电子表单，以减少重复填报工作。还可以通过系统设置区域负责人，直接向负责人的移动端及时推送待办通知、隐患预警等信息，便于及时解决问题。

（7）物料管理模块包含构件追踪、物资用量统计、收货管理等信息，管理人员可对所有物料进行实时查看，根据场内材料用量合理安排采购计划。

（8）绿色施工模块可以看到现场各项环境数据，如噪声、扬尘、能耗、气温等数据，根据监测情况，可联动雾炮喷淋系统实施喷淋降尘。

（9）工程资料模块，实现办公资料轻量化。管理人员可在电脑PC端上传资料信息，也可在PC端与手机移动端对资料进行快捷查看，如图纸、交底等，实现无纸化办公。

6.6 项目管理实施效果

（1）业主满意度：在全年四次业主满意度调查中均获得100分，收到业主表扬信两封，各项工作得到业主高度认可。

（2）人均产值突出：项目开工10个月，完成总产值达14亿，人均月产值达150万元。

（3）科技成果丰富：已通过四川省科技示范工程、中建八局科技研发项目、中建八局设计管理示范项目立项。截至目前专利受理21项，论文发表20余篇，工法4项。

项目入选中建八局优秀管理成果4项，其中《设计技术管理在大型场馆快速建造的实践》评为中建八局优秀成果一等奖。

（4）社会影响力提升：2019年6月开展成都市智慧工地观摩会，10月开展成都市工程质量观摩会，观摩人数达到1200余人，显著提升中建八局在行业的影响力。

2019年9月28日，协办2019年中建八局质量月总结会，中建八局技术质量系统200余人到项目交流观摩。

接待各类观摩57次，其中政府观摩25次，企业观摩28次，高校4次，总共观摩人数近6000人次。

省、市各级领导多次到现场调研、指导，形成了较高的社会影响力与示范效果。成都市主要领导充分肯定项目取得的成绩，《成都日报》对项目进行了大篇幅报道，并给予了高度评价。

附录一 组织机构部门及岗位职责

项目岗位及其职责   附表 1-1

序号	岗位	岗位职责
1	项目经理	1）贯彻执行国家和地方政府法律、法规和政策，执行企业的各项管理制度，维护企业的合法权益； 2）经授权组建项目部，提出项目组织机构，选用项目部成员，确定岗位人员职责； 3）项目初始阶段组织项目策划工作，并主持编制项目管理计划和项目实施计划； 4）代表企业组织实施工程总承包项目管理，完成"项目管理目标责任书"规定的任务； 5）在授权范围内负责与项目干系人的协调，解决项目实施中出现的问题； 6）对项目实施全过程进行策划、组织、协调和控制； 7）负责组织项目管理收尾和合同收尾工作，接受企业审计并做好项目经理部解体与善后工作； 8）组织相关人员进行项目总结并编制项目总结报告及项目完工报告； 9）组织对项目分包人及供应商进行后评价
2	项目书记	1）建立项目党支部，检查党支部决议的实施情况，总结党支部的工作，按时向支部党员大会和上级党组织报告工作； 2）检查党支部的思想、工作、学习和生活情况，发现问题及时解决，做好经常性的思想政治工作； 3）抓好班子建设，充分发挥领导班子集体领导作用； 4）协调党、政、团的关系，充分调动各方面的工作积极性； 5）关心项目职工的生活，做好精神文明建设，努力完成公司下达的各项思想政治工作指标； 6）负责协调周边关系，与地方建立党建联建工作； 7）做好后勤保障工作，负责组织项目日常接待工作
3	项目总工	1）负责项目的全面技术质量、设计管理工作； 2）主持深化设计文件审核，主持复测、控测及竣工测量，督促并检查技术人员做好技术交底工作； 3）负责编制工程总承包施工组织设计，参与重大方案的制定，审核单位工程的施工组织设计； 4）主持并审核设计计划、施工计划、物资计划、设备、调度、统计、工程报验表的编制； 5）负责组织对专业分包项目重大方案的研讨论证、审核和监督实施； 6）协调好与建设单位（发包方）、设计单位、监理部门、地方主管部门、分包单位等方面的关系，做好合理调配与供应，深入现场及时解决施工中出现的技术问题； 7）主持工程竣工文件的编制； 8）负责"四新技术"的推广应用

续表

序号	岗位	岗位职责
4	设计经理	1）负责组织、指导、协调项目的设计工作，确保设计工作按合同要求组织实施； 2）对设计进度、质量和费用进行有效的管理与控制； 3）组织设计图纸内审和外审； 4）组织编制设计完工报告，并参与项目完工报告的编制工作，将项目设计的经验与教训反馈给工程总承包企业有关职能部门； 5）领导设计管理部、BIM工作组工作
5	商务经理	1）负责劳务、专业招标投标和商务合约管理工作； 2）对工程总承包管理的重要或重大决策进行研究，形成决议，并分别予以落实； 3）编制项目商务策划书，检查落实情况，参与建立完善商务策划体系； 4）EPC合同的商务解释、合同商务条款修改的审核，招标文件商务条款的编制和审查，分包和采购合同的商务审查； 5）负责项目成本控制工作，参与过程成本管理形态的监督检查，编制项目成本分析，审核相关数据； 6）分管项目部全过程商务管理工作，实施跟踪管理
6	采购经理	1）负责组织、指导、协调项目的采购（包括采买、催交、检验和运输）工作； 2）组织编制采购执行计划，并对采购执行计划的实施进行管理和监控； 3）处理项目实施过程中与采购有关的事宜及与供货厂商的关系； 4）全面完成项目合同对采购要求的进度、质量以及企业对采购费用的控制目标与任务； 5）组织相关人员，根据设备、材料的重要性划分催交与检验等级，确定催交与检验方式和频度，制定催交与检验计划并组织实施； 6）领导采购管理部工作
7	土建经理	1）负责土建工程项目施工管理，对项目全专业施工进度、施工质量、施工费用、施工安全进行全面监控； 2）参与编制和下达年、季、月度施工生产计划，并组织实施； 3）负责对施工分包商的协调、监督和管理工作； 4）组织土建、机电、装饰、钢结构、体育工艺、供应商参与工程验交、竣工文件编制与移交、工程验工计价等工作； 5）协调项目施工期间的资源利用，接受公共部门对分包管理的建议和工作联系，并为其工作提供帮助
8	计划经理	1）组织编制施工执行计划、项目费用计划； 2）协调设计经理、采购经理、施工经理等分别组织编制项目分进度计划； 3）负责协调项目进度计划和费用计划的编制与更新工作，编制和更新下列项目进度计划： ①项目各项进度计划控制要点；②项目总体进度计划、项目年度进度计划、项目月计划、项目质保期计划； 4）负责协调项目进度/费用的实施控制工作；负责项目进度计划的实施与控制，协调各方在项目进度上的问题； 5）负责组织编制项目各月度工程量单和成本季报； 6）参与项目变更处理、索赔和反索赔工作；收集工期索赔依据，负责工期索赔； 7）参与项目合作伙伴考核工作； 8）协助编制工程月报； 9）领导计划管理部工作

续表

序号	岗位	岗位职责
9	机电经理	1）负责机电项目的施工管理，对机电进行组织安排，落实各项工作； 2）参与编制与下达年、季、月度施工生产计划，并组织实施； 3）负责组织专业分包单位和供应商参与工程验交、竣工文件编制与移交、工程验工计价等工作
10	财务经理	1）负责项目财务管理和会计核算工作； 2）领导财务管理部工作
11	安全总监	1）贯彻落实国家安全生产法律法规、公司的安全生产规章制度； 2）建立健全安全生产保障体系、监督体系、管理制度； 3）贯彻国家及地方的有关工程安全与文明施工规范，确保本工程总体安全与文明施工目标和阶段安全与文明施工目标的顺利实现； 4）对本工程施工安全具有一票否决权
12	质量总监	1）贯彻落实国家的各项质量标准、规范； 2）组织编制质量计划，负责组织检查、监督、考核和评价项目质量计划的执行情况，验证实施效果并形成报告；对出现的问题、缺陷或不合格，应召开质量分析会，并制定整改措施； 3）负责对接政府质量监管部门，落实各项整改工作； 4）对现场的工程质量具有一票否决权
13	区段经理	1）负责本区段工程的安全生产、技术质量管理工作； 2）协助配合设计经理、采购经理、计划经理、施工经理安排项目的设计、采购、使用进度计划和执行

项目部部门设置及其职责　　　　　　　　　　　附表1-2

序号	部门名称	部门职责
1	设计管理部	1）负责项目的设计管理及深化设计工作，全面保证项目的设计进度、质量和投资符合项目合同的要求； 2）在设计中贯彻执行公司关于设计工作的质量管理体系，制定控制措施； 3）根据项目合同，与发包人沟通，编制设计大纲，组织和审查设计输入； 4）组织设计团队，组织编制设计执行计划，确定设计标准、规范，制订统一的设计原则并分解设计任务； 5）组织召开设计协调会，负责与其他设计分包商的管理和协调工作； 6）根据项目工程的需求执行和审查设计修改； 7）对设计文件中涉及安全、环保问题的审查； 8）处理项目在采购、施工和竣工保修阶段出现的设计问题； 9）明确深化设计的内容和深度； 10）组织各设计专业编制设计文件，并对设计文件、资料等进行整理、归档，编写设计完工报告、总结报告； 11）协调各阶段设计文件的外部审批流程； 12）组织设计优化和设计交底与培训； 13）应负责请购文件的编制、报价技术评审和技术谈判、供应商图纸资料的审查和确认等工作； 14）根据项目文件管理规定，收集、整理设计图纸、资料和有关记录，组织编制项目设计文件总目录并存档

序号	部门名称	部门职责
2	BIM 工作组	1）负责 BIM 协调管理； 2）负责项目各专业 BIM 模型整合、管理及维护； 3）配合项目其他部门，提供 BIM 技术支持
3	质量 管理部	1）贯彻执行国家有关工程施工规范、工艺标准、质量标准及规定，确保项目总体质量目标和阶段质量目标的实现； 2）编制专项计划，包括质量检验计划、过程控制计划、质量预控措施等； 3）组织检查各工序施工质量，组织重要部位的预检和隐蔽工程检查； 4）组织分部工程的质量核定及单位工程的质量评定；针对不合格品发出"不合格品报告"或"质量问题整改通知"，并监督落实； 5）定期对收集的质量信息进行数据分析，召开质量分析会议，找出影响工程质量的原因，采取纠正措施，定期评价其有效性，并反馈给企业
4	技术 管理部	1）负责各专业技术方案编制与审核； 2）参与编制项目质量计划、职业健康安全管理规划、环境管理计划； 3）负责各项工程技术措施的落实； 4）组织科技成果鉴定及示范工程的验收、组织工法、专利的编写，报审或申报工作； 5）应按档案管理标准和规定，将设计、采购、施工阶段形成的文件和资料进行归档，档案资料应真实、有效和完整； 6）对项目所涉及的知识产权进行管理
5	试验 测量部	1）负责工程试验工作； 2）负责测量工作，包括控制网的建立及管控
6	商务 合约部	1）负责各项合同的谈判、策划及各类变更协议的起草、执行工作； 2）负责总包自行完成部分的工程量复核，变更量的估算，增、减合同额变更的管理； 3）完成各类专业分包及劳务分包招标任务；应依据合同约定和企业授权，订立设计、采购、施工或其他咨询服务分包合同； 4）负责索赔签证等相关事项的管理工作； 5）负责分包单位之间商务事件的互相协调； 6）全过程跟踪检查合同履行情况，收集和整理合同信息和管理绩效评价，并应按规定报告项目经理； 7）应对合同文件定义范围内的信息、记录、函件、证据、报告、合同变更、协议、会议纪要、签证单据、图纸资料、标准规范及相关法规等进行收集、整理和归档
7	物资 采购部	1）熟悉所购物资的供应渠道和市场情况，确保正常供应； 2）熟悉和掌握工程所需各类物资的名称、型号、规格、价格、用途和产地； 3）组织物资设备订货洽谈，检查供货合同的落实情况； 4）应根据采购执行计划确定的采买方式实施采买； 5）依据采购合同约定，应按检验计划，组织具备相应资格的检验人员，根据设计文件和标准规范的要求确定其检验方式，并进行设备、材料制造过程中以及出厂前的检验；重要、关键设备应驻厂监造； 6）依据采购合同约定的交货条件制定设备、材料运输计划并实施； 7）根据合同变更的内容和对采购的要求，应预测相关费用和进度，并应配合项目部实施和控制； 8）制定并执行物资发放制度，根据批准的领料申请单发放设备、材料，办理物资出库交接手续，认真监督各分包单位材料员的材料收发工作；

续表

序号	部门名称	部门职责
7	物资采购部	9）应对设备、材料进行入场检验、仓储管理、出入库管理和不合格品管理等； 10）配合各类应急物资的准备和实施； 11）负责不合格物资的处置和记录； 12）设计阶段提前介入，为设计提供材料设备、方案选择经济支撑； 13）组织设计、技术、工程、物资在采购准备期进行材料采购策划； 14）应编制项目机具需求和使用计划。对进入施工现场的机具应进行检验和登记，并按要求报验。对现场施工机具的使用统一进行管理
8	财务管理部	1）施工成本核算； 2）财务合规性管理； 3）税务管理、现金流量管理； 4）应根据项目进度计划、费用计划、合同价款及支付条件，编制项目资金流动计划和项目财务用款计划，按规定程序审批和实施； 5）应依据合同约定向项目发包人提交工程款结算报告和相关资料，收取工程价款； 6）项目资金策划，分析项目资金收入和支出情况，降低资金使用成本，提高资金使用效率，规避资金风险； 7）项目竣工后，应完成项目成本和经济效益分析报告，并上报工程总承包企业相关职能部门
9	计划管理部	1）工程总进度计划、单项工程进度计划和单位工程进度计划编制、调整； 2）工期计划跟踪与监督考核，检查施工进度计划中的关键路线、资源配置的执行情况，并提出施工进展报告； 3）各阶段现场部署规划、监督管理
10	工程管理部	1）负责现场施工管理、协调及资源调配； 2）监督和协调各专业分包严格按照工程总进度计划，分阶段组织施工，对施工过程的工艺、工序进行控制； 3）对材料、设备进出场控制管理和场内堆放管理； 4）协助安全监督管理部对分包进行安全生产及文明施工的管理； 5）项目绿色施工措施的策划与实施； 6）根据项目环境管理制度，掌握监控环境信息，采取应对措施
11	机电管理部	1）根据总体施工进度计划，协调各分包商进行专业进度计划编制； 2）负责组织机电分包深化设计工作，负责深化设计进度控制，负责机电专业内部设计协调工作； 3）负责机电分包的协调、督促与管理； 4）负责项目现场的临水、临电及消防系统的配置与维修管理
12	装饰管理部	1）负责装饰装修工程的施工管理、协调及资源调配； 2）负责审核装饰专业分包的施工方案，对装饰工程施工过程中的工艺、工序进行检查与监督； 3）起草装饰分包之间的协调运行规章制度，统一质量标准，落实合同约定的工作界面划分及其责任
13	钢结构管理部	1）负责钢结构工程的施工管理、协调及资源调配； 2）负责钢结构工程施工的安全生产、文明施工及环境保护工作的落实； 3）负责钢结构相关的设计管理、技术、制造、安装等管理工作； 4）负责钢结构现场施工的质量监督检查

续表

序号	部门名称	部门职责
14	安全环保监督管理部	1）编制安全管理计划，制定各项施工安全管理制度，明确各岗位人员责任、责任范围和考核标准； 2）依据分包合同和安全生产管理协议的约定，明确各自的安全生产管理职责和应采取的安全措施，并指定专职安全生产管理人员进行安全生产管理与协调； 3）对施工安全管理工作负责，并实行统一的协调、监督和控制； 4）组织项目的职业健康安全教育； 5）按安全检查制度组织现场安全检查，掌握安全信息，召开安全例会，发现和消除隐患； 6）建立和制定项目安全应急预案并进行全员应急预案演练； 7）参与项目职业健康安全与环境管理规划、管理方案的编制，落实相关责任； 8）负责项目的环境管理与监督，实施环境监测； 9）负责环境应急准备检查，按应急预案进行响应； 10）负责施工现场的 CI 形象策划及管理工作
15	综合办公室	1）制定项目部综合管理制度，处理项目部公文往来和日常行政事宜； 2）负责信息平台维护、会议纪要、食堂、安保、接待管理及生活区后勤管理工作； 3）负责社会关系协调工作； 4）对各部门工作计划进行考核； 5）负责对外宣传工作； 6）负责起草项目部综合计划、总结和文稿，完成领导交办的其他文字性工作
16	党群工作部	1）负责党群、工会工作，与地方党工团建立联系； 2）贯彻落实党的路线、方针、政策，执行并组织落实党委决议，并检查督促党委决议的贯彻执行； 3）深入基层调查研究，了解分析和掌握员工思想动态； 4）加强对公司党员干部的宣传教育和精神文明建设； 5）协助处理周边及外部社会关系

附录二 设计岗位人员任职资格表

各岗位人员任职资格

序号	岗位	任职资格	设置人数
1	设计经理	要求具有中级职称,有施工图设计经验,专业不限	由总承包牵头单位选派 1 名,可以由各设计岗位人员兼任
2	设计秘书	土木建筑机电类专业毕业	不限
3	设计总负责人	需具备一级注册建筑师和高级工程师及以上资格	1 名,可以由建筑专业负责人兼任
4	设计技术负责	需具备一级注册结构工程师和高级工程师及以上资格	1 名,可以由结构专业负责人兼任
5	专业负责人	一般要求具有高级工程师任职资格,实施注册制的专业要求具有注册资格	每专业各 1 人
6	设计人	本专业助理工程师资格	每专业不少于 3 人

附录三　体育场田径比赛场地规模表

体育场田径比赛场地规模表　　　　　　　　　　　　附表 3-1

运动场地	建筑等级	
	特级、甲级	乙级
400m 环形跑道	8 条道	8 条道
西直道	8～10 条道	8 条道
跳高场地	2	2
跳远场地	两端落地区 2 个	两端落地区 2 个
撑杆跳高场地	两端落地区 2 个	两端落地区 2 个
标枪投掷区	2	2
铅球投掷区	2	2
链球铁饼投掷区	2	2
障碍水池	1	1

附录四　足球场地分类表

附表 4-1

足球场地分类表

		专业比赛		专业队训练		休闲健身				
	人数	11人制	5人制	11人制	5人制	11人制	7人制	5人制	4人制	3人制
场地尺寸	长度（m）	105	40	105	25~42	90~120	45~60	25~42	25~42	20~35
	宽度（m）	68	20	68	15~25	45~90	45~60	15~25	15~25	12~21
场地位置		室外	室内	室外	室内	室外	室外	室内／室外	室内／室外	室内／室外
室外草坪延伸区（m）	边线外≥5.0 球门线后≥6.0 端线外≥5.0 球门区后≥5.0（罚球区）	≥2.0	—	≥2.0	—	≥2.0	≥1.5	≥1.5	≥1.5	≥1.5
室内场地净高（m）		—	≥8.0	—	≥8.0	—	—	≥8.0	≥8.0	≥8.0
室外围网		有	球门后有网	有	—	有	有	—	有	有
球门尺寸	长度（m）	7.32	3.00	7.32	3.00	7.32	5.00	3.00	3.00	3.00
	高度（m）	2.44	2.00	2.44	2.00	2.44	2.20	2.00	2.00	1.60
各线线宽球门柱宽度横梁厚度（mm）		≤120	80	≤120	80	≤120	100	80	80	80

注：1. 表中足球场地长宽有区间范围的，宜参考专业比赛 11 人制足球场地的比例，按长：宽≈1.5：1 设置。

2. 室外足球场地四周围网周围围网高度不宜小于 4m。

3. 建议在 5 人制、4 人制、3 人制足球场地外侧设置 1.5m 缓冲区。